世界傳統圖樣編織

娃娃迷你針織服飾

Contents

艾倫毛衣

上有具代表性的圖樣，
和纜繩的搭配組合。

gn ※ 小林 Yuka
※ Puppy British Fine
to make ※ p.34

艾倫／Aran

艾倫圖樣發源自愛爾蘭的艾倫群島（包括伊尼什莫爾島、伊尼什曼島、伊尼希爾島，3 座島嶼）。艾倫群島的女性，為嚴寒中出海的丈夫、孩子編織的毛衣，即為織有這些圖樣的艾倫毛衣。圖樣各具意涵，每戶人家的組合搭配也不同。這件作品中，採用的纜繩（繩紋）代表平安，鑽石代表財富與人生。

B 艾倫帽

以自己喜愛的 3 種色彩，
織成纜繩圖樣的針織帽。

Design ※ 小林 Yuka
Yarn ※ DARUMA iroiro
How to make ※ p.43

與左頁的毛衣色彩不同，
前後反穿，就成了開襟衫。

英國 ／United Kingdom

C 根西毛衣

毛衣風格簡約，
利用下針與上針增添變化。

Design ※ 風工房
Yarn ※ Hamanaka 純毛中細
How to make ※ p.36

根西／Guernsey

根西毛衣為漁夫毛衣的始祖而廣為人知。這款毛衣泛指隸屬英吉利海峽南部海峽群島的根西島，以及其他近海漁夫穿著的毛衣。毛衣特點多為濃郁的深藍色與胸前織有圖樣。這件作品設計的腰腹部分為平針編織，可在較短的時間內織成，作業中即使產生髒汙或摩擦造成破損，只要將該處重新編織即可，方便好處理。

蘇格蘭 ／Scotland

D,E 阿蓋爾毛衣&襪子

胸前菱形為縱向渡線織成的圖樣，
線條則為刺繡縫線。
襪子有腳跟，相當貼合娃娃的腳型。

Design ※ 笠間綾
Yarn ※ Puppy Kid Mohair Fine
How to make ※ p.32

阿蓋爾／Argyle

菱形為阿蓋爾傳統風格的經典圖樣，又稱阿蓋爾格紋，發源自阿蓋爾地方的世族，人稱坎貝爾家族的蘇格蘭格紋。大家熟悉的單品包括毛衣、開襟衫、襪子。在搭配蘇格蘭男性民族服飾的襪子上，也一定會看到這個圖樣。

F 費爾島連身裙

特點在於連續的鑽石圖樣，
明亮的配色讓服裝多了變化，
相當可愛討喜。

Design ※ 風工房
Yarn ※ DARUMA iroiro
How to make ※ p.26

G 費爾島毛衣

細條紋的平行設計，
點綴著醒目的藍色鋸齒織紋。

Design ※ 風工房
Yarn ※ DARUMA iroiro
How to make ※ p.24

費爾島／Fair isle

費爾島針織的起源地費爾島，其位於蘇格蘭東北的席德蘭群島。針織特點在於使用多種色彩的美麗編織圖樣。圖樣中，每 1 段只用 2 種顏色的編織線設計而成。傳統的費爾島針織以環編編織，所以通常多為幾何圖樣的條紋。1920 年代，因為英國王子曾在打高爾夫球時穿著而開始流行於全世界。

冰島 ／Iceland

H 羅比毛衣

有著可愛圓抵肩的羅比毛衣，
從領圍往衣襬編織而成。

Design ※ Kanno Naomi
Yarn ※ Puppy New 3PLY
How to make ※ p.38

羅比／Ropi

羅比毛衣為冰島傳統針織。在冰島，羊毛牽伸後，未經加捻的粗毛線稱為羅比，使用此毛線織成的毛衣即為羅比毛衣。圓抵肩織有著大片的幾何圖樣，充滿魅力。織片觸感稍厚，不過圓抵肩、上身以及袖子全以環編編織，所以是一件接合部分少，穿著舒適的毛衣。

I,J 編織套裝

服裝裡織入手套常見的圖樣，
裙襬上還加了傳統風格的線條。

Design ※ 齊藤理子
Yarn ※ DARUMA iroiro
How to make ※ p.40

拉脫維亞編織／Latvian Knit

拉脫維亞為波羅的海三國之一，是歐洲最早發現有手套的國家。國家手工藝盛行，織有圖樣的手套和襪子，依照各地方不同的民族服飾，產生了多樣的色彩與圖樣。色調豐富的圖樣，反映出地方文化與信仰。2006 年北大西洋公約組織首腦會議上，還贈送 4,500 份編織手套當作紀念。

K,L 哈蘭德風毛衣&脖圍

毛衣的主設計，
為傳統圖樣 Bjärbo（像薊一樣的花紋）。
脖圍套在娃娃身上，也有斗篷的效果。

Design ※ 河合真弓

Yarn ※ DARUMA SUPERWASH MERINO

How to make ※ p.44

哈蘭傳統編織／Binge

Binge 是瑞典哈蘭地方遺留的傳統編織。過去此處因戰爭與收成不佳，為了在貧困中生存，傳統編織成了大家的副收入來源，而廣為人知。圖樣由紅、白、深藍三種配色織成，據說名稱源自瑞典語 binda（連結）。代表性圖樣包括：如薊一般的 Bjärbo 花紋、鳥雉圖樣以及男人與女人圖樣等。

M 代爾斯布毛衣

紅、黑、綠的傳統色彩，
加上白色更顯輕盈，
再點綴上年份刺繡。

Design ※ 河合真弓
Yarn ※ DARUMA iroiro
How to make ※ p.46

代爾斯布／Delsbo

代爾斯布位於瑞典中部海爾辛蘭地方的小鎮，這裡遺留的編織毛衣特點為紅、黑、綠的傳統色彩，構成偌大的心形圖樣，以及側邊留寬。通常，胸前會織入人名與年份。有時在袖口添加絨球般的綴飾設計，或織成小外套，衣長稍短。

N 玫瑰圖樣披肩

哥特蘭島的編織，
有代表性的玫瑰圖樣設計。
穿在娃娃身上，可當斗篷，
也可當瑪格麗特小外套穿著。

Design ※ Sugiyama tomo
Yarn ※ DARUMA iroiro
How to make ※ p.29

哥特蘭島／Gotland

哥特蘭島是座波羅地海的浮島，隸屬於瑞典領土，自古即是貿易興盛之地。島上承襲的傳統圖樣豐富，自那時起，編織物即成為島嶼的出口產品。哥特蘭島又名玫瑰島，玫瑰也是有名的編織圖樣。編織主題多源於自然，這也是波羅地海各國編織物的共通點。

開襟衫

整體觸感鬆軟。
下針與上針織出，

o Naomi
Kid Mohair Fine
p.30

布胡斯／Bohus

這款編織來自瑞典的布胡斯地方，特色為多色
處處以上針織出凹凸的編織圖樣。使用毛流輕
哥拉毛線，女性化設計的圓抵肩毛衣，更充滿
1930 年代全球經濟大恐慌時，布胡斯編織曾因
負擔家計，成為新興的地方產業。後來受到機
流的衝擊，僅僅約 30 年的時間就消失身影，然
卻受到許多編織同好喜愛。

挪威 ／Norway

P 賽特斯達爾毛衣

這款毛衣並未加減針，
所以是款圖樣纖細仍容易編織的設計。
胸前還加上刺繡織帶。

Design ※ 齊藤理子
Yarn ※ Puppy British Fine
How to make ※ p.48

賽特斯達爾／Setesdal

這是挪威南部賽特斯達爾的地方傳統毛衣，原為男性民族服飾。特色在於肩膀兩邊有交叉狀的圖樣，以及衣服上有許多並排的小白點，構成 Louse（頭蝨的意思）圖樣。另一個特點是門襟和袖口會縫上刺繡布塊，當作裝飾兼補強。
順帶一提，瑞典語的毛衣為「Kofta」。

Q 賽爾布毛衣

前上身配置了 3 顆星，共 35 針。
針目收整得相當乾淨俐落。

Design ※ 齊藤理子
Yarn ※ Puppy British Fine
How to make ※ p.50

賽爾布／Selbu

這是挪威北部賽爾布湖邊，流傳下來的傳統針織。賽爾布毛衣的圖樣即是 8 芒星。經典圖樣為如玫瑰般的 8 芒星，加上鑽石十字的綜合圖樣。配色主要為毛線自然生成的黑白雙色。雖然毛衣為男性傳統服飾，但是 8 芒星有時也會設計在特殊手套的手背。

加拿大 ／Canada

R 考津外套

附新月領的前開式小外套。
前上身有雪花圖樣。

Design ※ 岡本真希子
Yarn ※ Puppy British Fine
How to make ※ p.52

後上身則有雷鳥圖樣，
傳說中的神鳥，據說為
雷神使者。

考津／Cowichan

考津為源自加拿大原住民考津族的傳統針織。因為使用富含油脂的極粗毛線，具有優秀的防潑水性和耐寒性。圖樣由羊毛自然生成的顏色編織，編織主題充滿了狩獵民族特色，多為自然、動物以及神話生物等。基本款式為套衫，現在經常做成加上拉鍊的前開式外套。

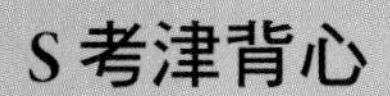

S 考津背心

背心有如波浪般的連續圖樣。
承襲歐洲的編織技巧，
所以圖樣受到費爾島風格的影響。

Design ※ 岡本真希子
Yarn ※ Puppy British Fine
How to make ※ p.54

北歐 ／Norden

T 北歐風長版上衣

前後上身的輪廓相同，
在腹部加上口袋設計。

Design ※ 笠間綾
Yarn ※ Puppy British Fine
How to make ※ p.56

北歐風編織／Nordic knit

除了北歐傳統針織之外，還有北歐圖樣，以及斯堪地那維亞針織常見的圖樣。例如馴鹿、雪花、杉木等。其中也包括了與聖誕節相關的圖樣。相對來說，多為年代較新、設計可愛的圖樣。

U 三角手套

全白的手套加上辮子編繩，
為娃娃穿戴時，連大拇指都可套入。

Design ※ 小林 Yuka
Yarn ※ Puppy New 2PLY
How to make ※ p.43

北歐風手套／Nordic mittens

指尖為三角形的手套是北歐地區常見的設計。除了會加上編織圖樣或刺繡，也會加上流蘇或繩線。

V 薩米斗篷

從衣襬往領圍，
一邊減針，一邊編織而成。

Design ※ 笠間綾
Yarn ※ Puppy British Fine
How to make ※ p.58

薩米／Sami

薩米族為斯堪地那維亞半島北部寒冷地帶，拉普蘭的原住民。薩米族服飾主色調為紅色和藍色，針織物也是，不過還會再加上黃色以及綠色，共 4 色，成為薩米族的標誌性色彩。

蘇格蘭 / Scotland

W 席德蘭蕾絲披肩

用起伏針織出中央的方形，
鏤空圖樣則用緣編編織而成。

Design ※ 風工房
Yarn ※ Puppy New 3PLY
How to make ※ p.60

席德蘭蕾絲／Shetland lace

這款棒針編織蕾絲，來自蘇格蘭席德蘭群島。
纖細鏤空圖樣看似複雜，其實用基本的下針、上針、掛針、2 針併 1 針（或 3 針併 1 針）的組合即可編織完成。

秘魯 / Peru

X 秘魯毛帽

主體編好後，
再編織遮耳。
選用流行配色，更顯可愛。

Design ※ Sugiyama tomo
Yarn ※ DARUMA iroiro
How to make ※ p.59

秘魯毛帽／Chullo

Chullo 是秘魯安地斯地方男性配戴、有遮耳的三角帽，一般稱為秘魯毛帽，繽紛配色以及綴飾為其特色。

開始編織之前

須備齊的工具

棒針

娃娃尺寸的編織服飾，使用的是短針細棒針。除了 0、1、2 號棒針，本書還使用更細的串珠針（直徑 1.3mm）。往返編織時使用 2 支，環編編織時選用 4 支。

照片左邊：串珠針　短針直徑 1.3mm、2 支 1 組，580 日圓／Tulip

鉤針、蕾絲針

接合肩膀或編織扣繩時使用。配合用線選擇尺寸。

照片右邊：ETIMO ROSE 軟墊握柄蕾絲針 1,000～1,600 日圓
照片左邊：ETIMO ROSE 軟墊握柄鉤針 1,000～1,100 日圓／皆為 Tulip

記號圈

通常用於標註段數和針數，也建議用於交叉編或領口等休針的防綻。

段數記號圈（心型），300 日圓／Tulip

毛線針

收整線端或捲針縫合部件時使用。

毛線針（2 支或 3 支 1 組）500～600 日圓／Tulip

娃娃用材料

可在大型手工藝品店的娃娃材料區，尋找迷你針織使用的小鈕扣。也可以改用圓珠等代替。

作品使用的線

New 2PLY

100%羊毛極細線。建議棒針為 0～2 號，1 球 25g，480 日圓／Puppy

New 3PLY

100%羊毛合細線。建議棒針為 1～3 號，1 球 40g，620 日圓／Puppy

Kid Mohair Fine

79%毛海、21%尼龍極細線。建議棒針為 1～3 號，1 球 25g，880 日圓／Puppy

British Fine

100%羊毛中細線。建議棒針為 3～5 號，1 球 25g，620 日圓／Puppy

iroiro

100%羊毛中細線。建議棒針為 3～4 號，1 球 20g，300 日圓／DARUMA

SUPERWASH MERINO

100%羊毛中細線。建議棒針為 2～3 號，1 球 50g，880 日圓／DARUMA

純毛中細

100%羊毛中細線。建議棒針為 3 號，1 球 40g 玉卷，490 日圓／Hamanaka

※所有工具和線的價格皆是商品淨價（未稅）。

關於娃娃和織片

本書作品是依照 1/6 娃娃（身高 20～30cm）中，身高約 22cm 左右的娃娃尺寸來製作。但是，身高並非娃娃身體尺寸的唯一標準，編織作品時，中途一定要穿在娃娃身上，調整織片的尺寸。

●編織時的注意事項
編織圖樣，容易因為反面渡線的鬆緊，讓織片變小或變大，編織期間要一邊讓娃娃試穿，一邊調整，如果織片較小時，稍微將線拉鬆，或將針的號數調粗 1 號（織片太大時的作法相反）。

●穿著時的注意事項
將編織圖案翻至反面時，可以看到未織入織片的色線橫渡。因此，將娃娃的手穿入衣物時，為了不讓指尖勾到渡線，先將整隻手用保鮮膜或紙膠帶包覆再穿入，才能避免發生問題。另外，領口較小的衣物，在設計上比較適用於可拆式頭部的娃娃。

身穿作品的娃娃

ruruko™ ©PetWORKs Co., Ltd.

ruruko

2013 年推出的時尚娃娃，可動式與自然身型引人喜愛。身高約 22cm。
PetWORKs
洽詢 http://www.petworks.co.jp

Betsy Loves Bunnies

獨家款的 8 英吋 Betsy 人氣娃娃。身高約 20cm。
AZONE INTERNATIONAL
洽詢 https://www.azone-int.co.jp

Point Lesson

● 圖樣織法（橫向渡線織法）

編織圖樣由多種顏色的線，一邊橫渡（或縱渡），一邊編織而成。通常整體圖樣和連續圖樣，多為橫向渡線織法。

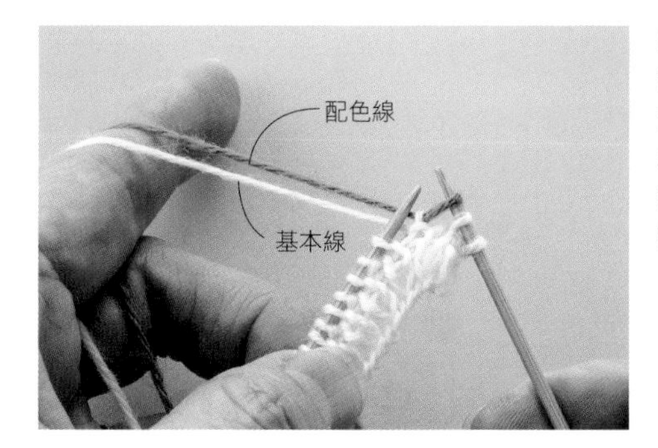

用 2 色編織時，線的位置。決定基本線和配色線的位置，左手食指如照片般掛上 2 條線。編織時，不要改變線的位置（上下），持續編織下去，就可順利織成。

■ 夾線的方法

＊解說範例：直至下次配色，以基本線編織 10 針時／線的位置為配色線在上，基本線在下。

反面有長渡線時

編織橫向渡線、直至下次配色，尚有 7 針以上時，夾入中間暫時不織的色線，讓反面的線收整俐落，不鬆落。

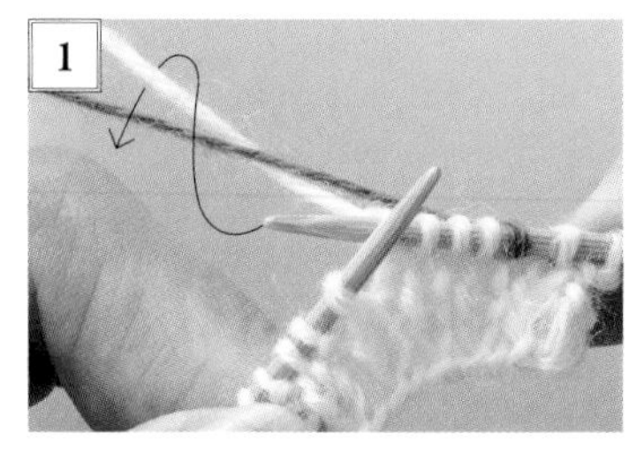

織 4 針基本線（基本色調的線／白色），配色線（構成圖樣的線／綠色）往下，基本線如箭頭標註般掛在棒針上。

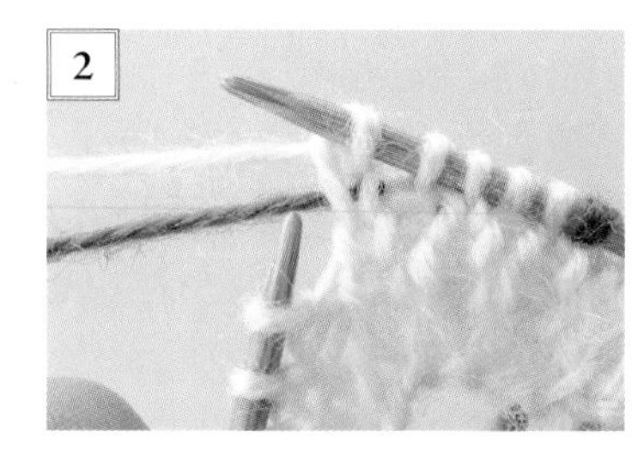

以基本線織 1 針。

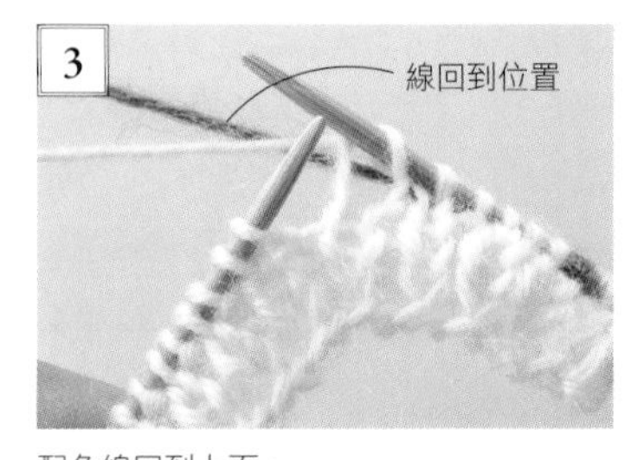

配色線回到上面。

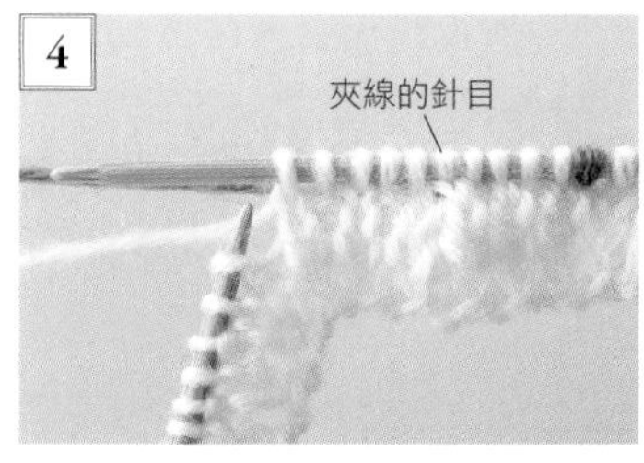

以基本線織 5 針。

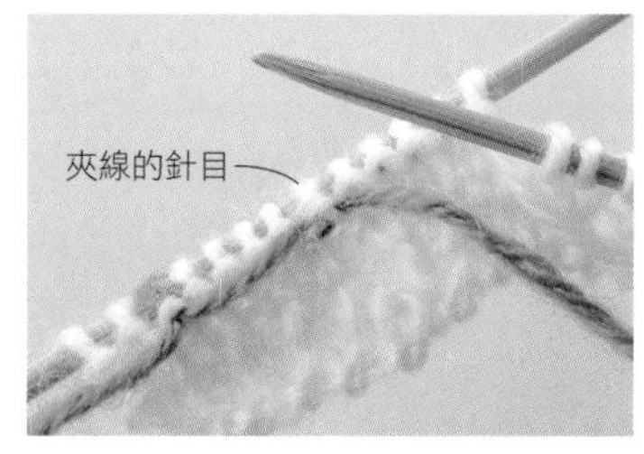

翻至反面的樣子。第 5 針夾入了配色線，下次編織配色線時，可整齊橫渡綠色的線。

■ 扣繩織法

＊接下來是以蕾絲針（鉤針）編織扣繩的織法。

將棒針織好織片的最後一針，移至鉤針。

繼續編織鎖針。配合鈕扣大小增減長度。

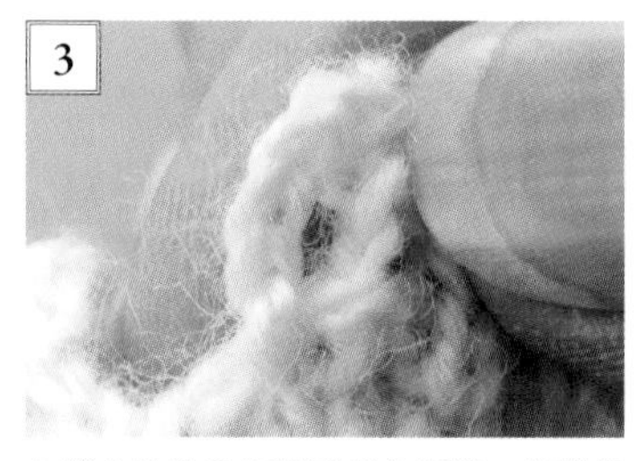

在織片的數段下以引拔針編織，收整線端，扣繩完成。

● 肩膀接合法　＊使用蕾絲針（或鉤針）的引拔接合。為了容易辨識，改變線的顏色。

手持棒針的織片正面相對對齊，將蕾絲針從前側向後側，分別穿入前後織片的右邊針目。

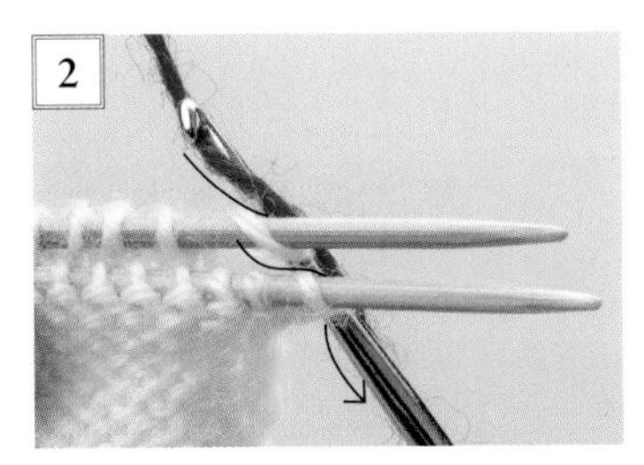

掛線後引拔所有針目。

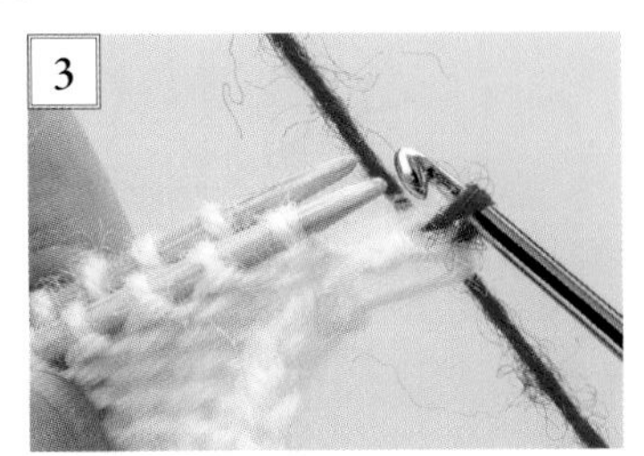

引拔好的樣子。

用蕾絲針分別穿入前後織片的下一個針目。在蕾絲針上移動針目。掛線引拔。

引拔好的樣子。

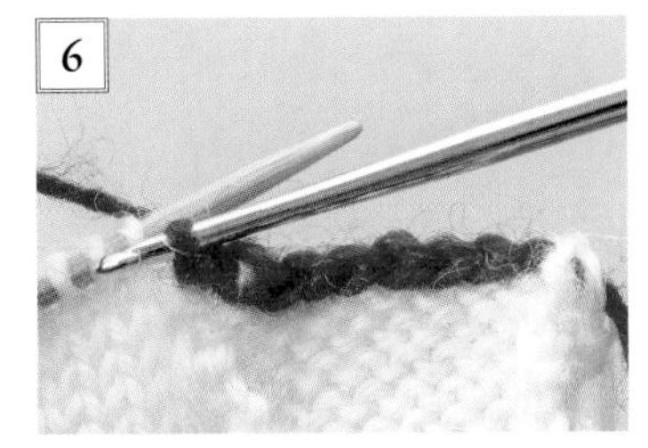

依所需針數，重複步驟 4 的動作。

● 拉脫維亞辮子針織法

作品 p.9、How to make p.40　＊裙襬邊有 2 種顏色的裝飾編織線條。以下針環編織完成第 1 段的狀態開始說明。

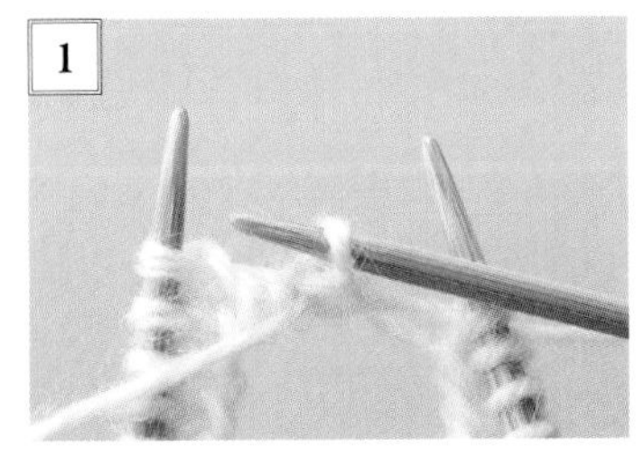

編織線置於前側，以白線織 1 針上針。

線改為紅色，編織上針。

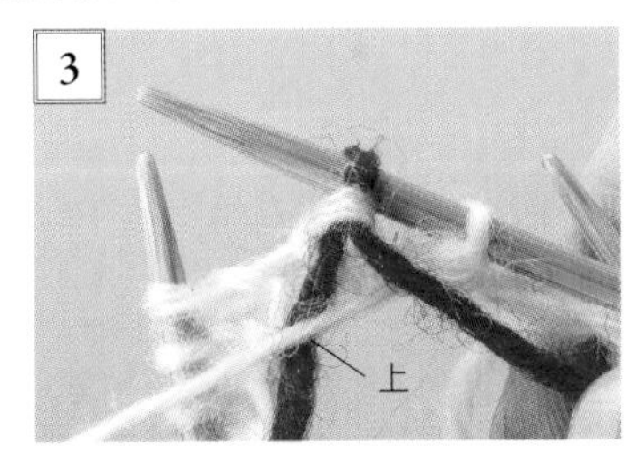

下 1 針，將白線從紅線前側上引，織上針。

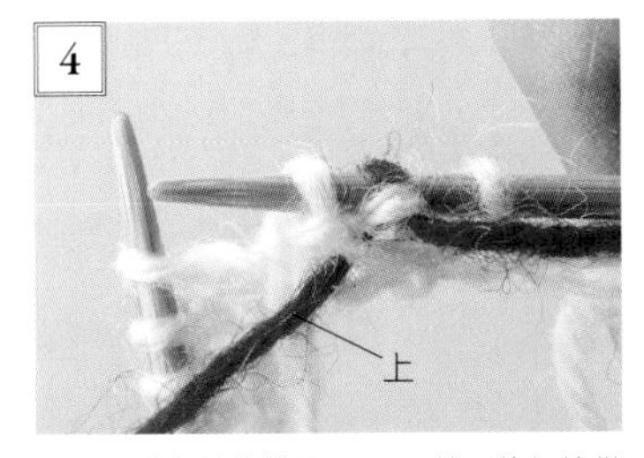

以白線織上針的樣子。下 1 針，將紅線從白線前側上引，織上針。

以紅線織上針的樣子。

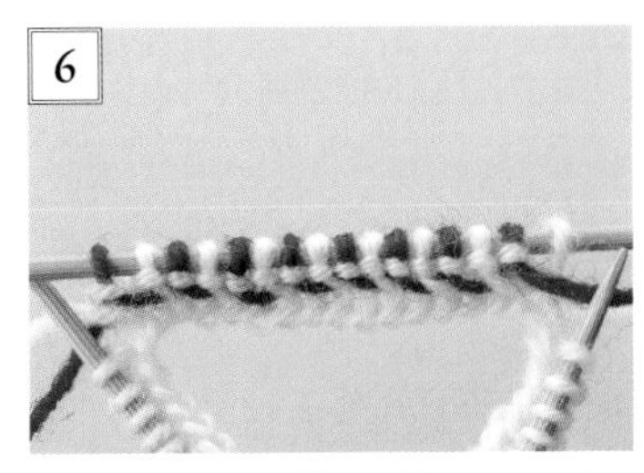

每針交錯重複步驟 3 和 4，直到編織完成。

How to make

G 費爾島毛衣 Photo ※ p.7

線

DARUMA iroiro

灰色（49）6g，

海軍藍（14）、水藍色（20）、開心果綠（28）、檸檬黃（31）、粉橘色（39）各 1.5g，

丹寧藍（18）、櫻桃粉（38）各少量

針

串珠針 1.3mm 4 支、蕾絲針 0 號

其他

鈕扣（直徑 8mm）2 顆、手縫線、縫針

完成尺寸

參照圖片

編織密度

平針編織圖樣 49 針、52 段（10cm 平方）

織法要點＊單線編織

1. 抵肩以手指掛線起針起 43 針，圖樣編織衣領，依編織圖樣編織抵肩。抵肩編至最終段時先休針。
2. 前後上身從抵肩挑針，依編織圖樣編織 11 段。背後開口處 1 針加針，將剩餘部份以環編編織。緣編編至最終段時，一邊以上針和下針編織，一邊收針。
3. 袖子從抵肩和前後上身的側寬（☆、★記號），以挑針依編織圖樣環編編織。衣襬編至最終段時，一邊以上針和下針編織，一邊收針。
4. 背後開口處編織緣編，縫上鈕扣。

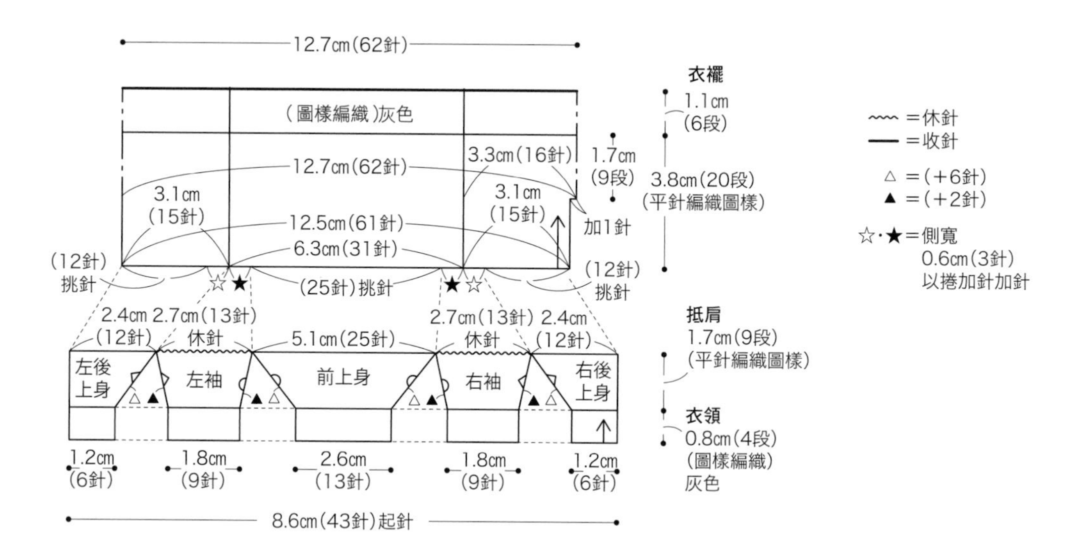

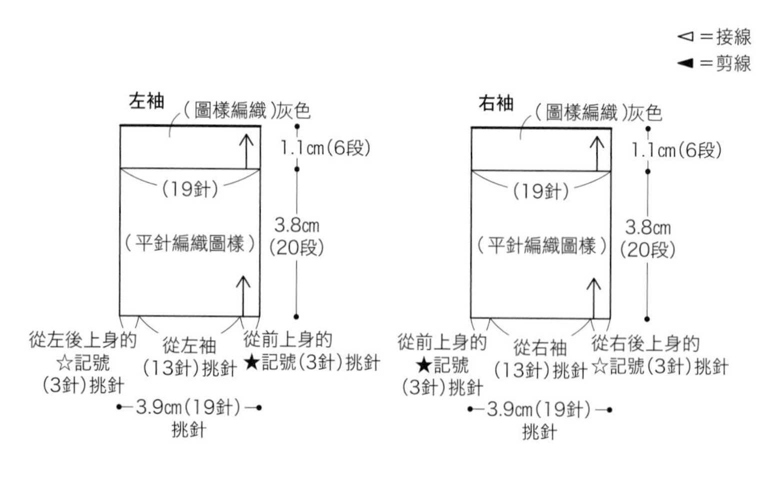

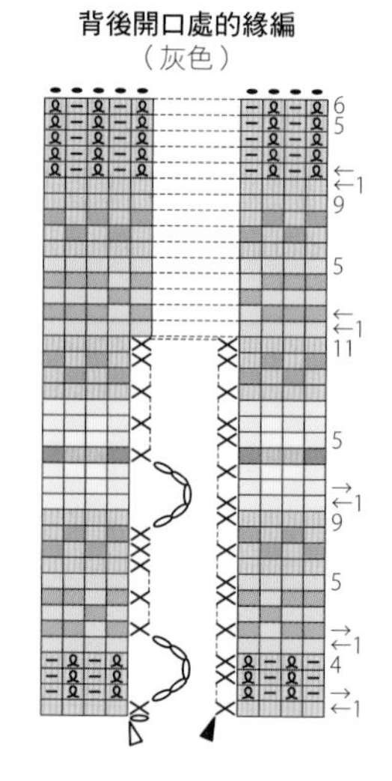

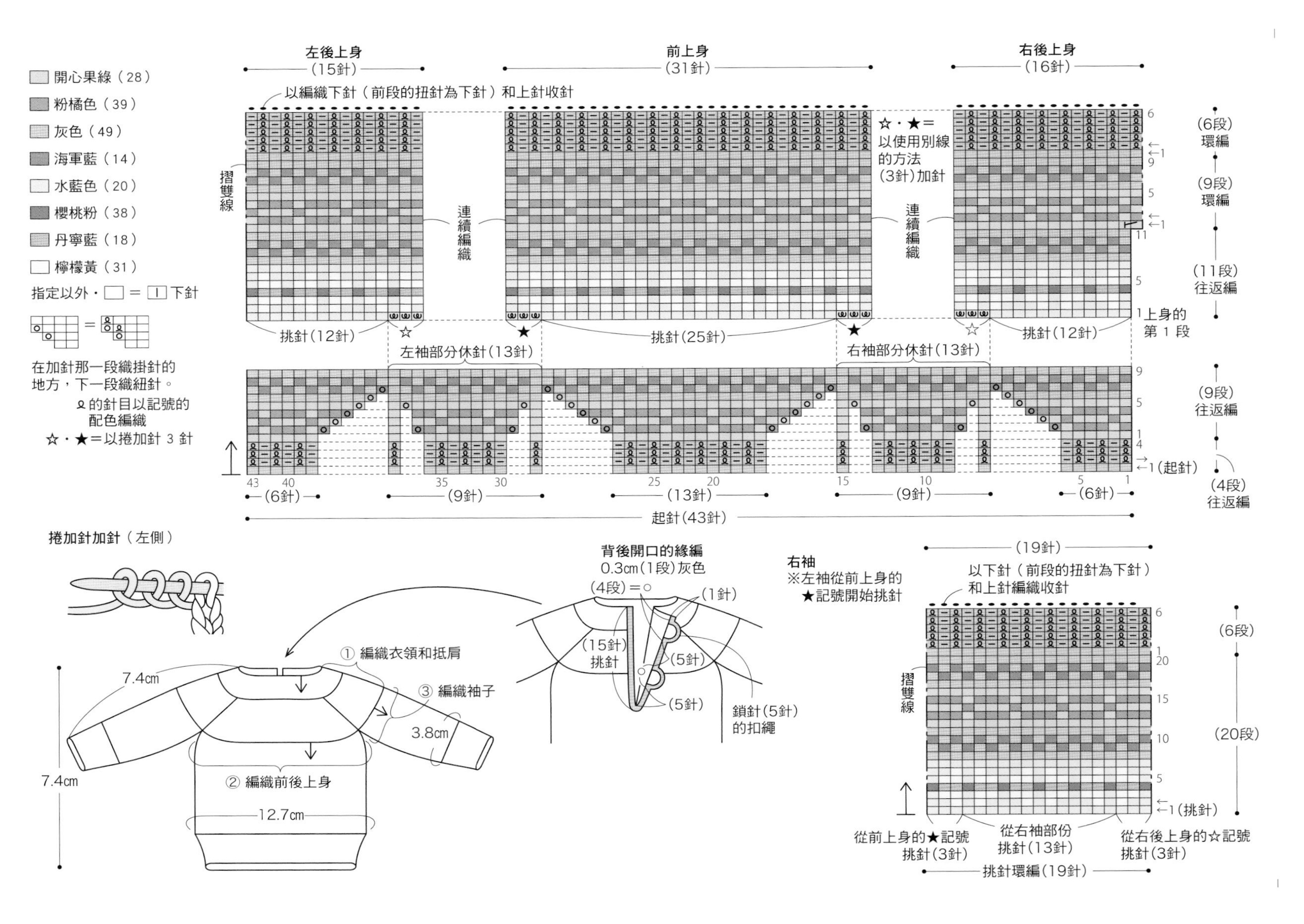

開心果綠（28）
粉橘色（39）
灰色（49）
海軍藍（14）
水藍色（20）
櫻桃粉（38）
丹寧藍（18）
檸檬黃（31）
指定以外・□＝[1]下針
在加針那一段織掛針的
地方，下一段織紐針。
ꝗ的針目以記號的
配色編織
☆・★＝以捲加針 3 針
左後上身
（15針）
前上身
（31針）
右後上身
（16針）
以編織下針（前段的扭針為下針）和上針收針
☆・★＝
以使用別線
的方法
（3針）加針
連續編織
摺雙線
挑針（12針）
挑針（25針）
左袖部分休針（13針）
右袖部分休針（13針）
上身的
第 1 段
（6段）
環編
（9段）
環編
（11段）
往返編
（9段）
往返編
（4段）
往返編
1（起針）
（6針）
（9針）
（13針）
起針（43針）
捲加針加針（左側）
背後開口的緣編
0.3cm（1段）灰色
（4段）＝○
（1針）
（15針）
挑針
（5針）
鎖針（5針）
的扣繩
① 編織衣領和抵肩
③ 編織袖子
② 編織前後上身
7.4cm
3.8cm
12.7cm
右袖
※左袖從前上身的
★記號開始挑針
（19針）
以下針（前段的扭針為下針）
和上針編織收針
（6段）
（20段）
1（挑針）
從前上身的★記號
挑針（3針）
從右袖部份
挑針（13針）
從右後上身的☆記號
挑針（3針）
挑針環編（19針）

F 費爾島連身裙 Photo※p.6

線

DARUMA iroiro

蜜棕色（3）5g，紫紅色（43）3g，

灰褐色（7）、青綠色（24）各 1.5g，

米白色（1）、孔雀藍（16）各 1g，

咖啡棕（11）、薄荷綠（21）、藍色（22）、

鮮黃色（29）各少量

針

串珠針 1.3mm 4 支、蕾絲針 0 號

其他

鈕扣（直徑 8mm）3 顆、手縫線、縫針

完成尺寸

參照圖片

編織密度

平針編織圖樣 49 針、52 段（10cm 平方）

織法要點＊單線編織

1. 衣領、抵肩以手指掛線起針起 43 針，圖樣編織衣領，依編織圖樣編織抵肩。抵肩編至最終段時先休針。
2. 前後上身從抵肩挑針，依編織圖樣編織 19 段。背後開口處 1 針加針，將剩餘部份以環編編織。衣襬編至最終段時，一邊以上針和下針編織，一邊收針。
3. 袖子從抵肩和前後上身的側寬（☆、★記號），以挑針依編織圖樣環編編織。緣編編至最終段時，一邊以上針和下針編織，一邊收針。
4. 背後開口處編織緣編，縫上鈕扣。

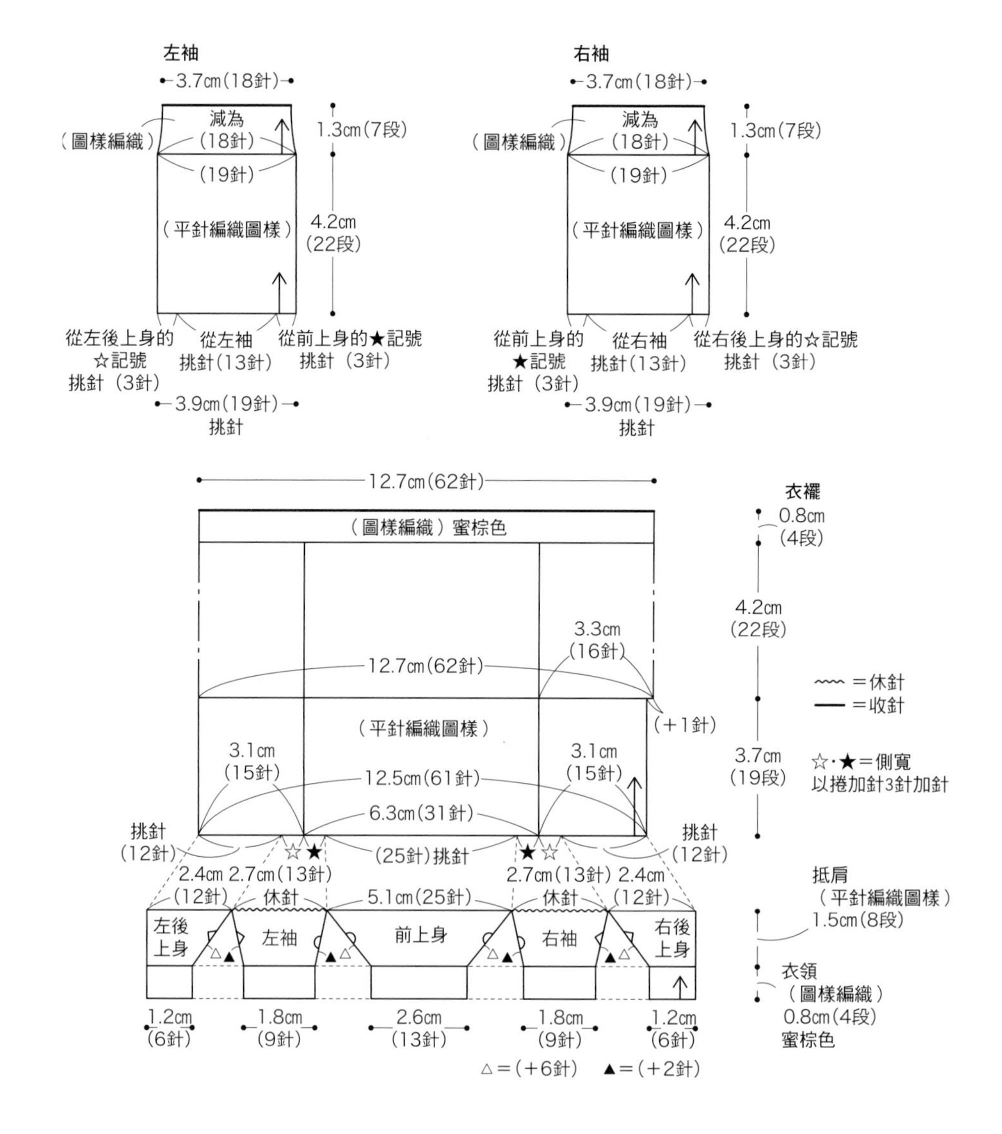

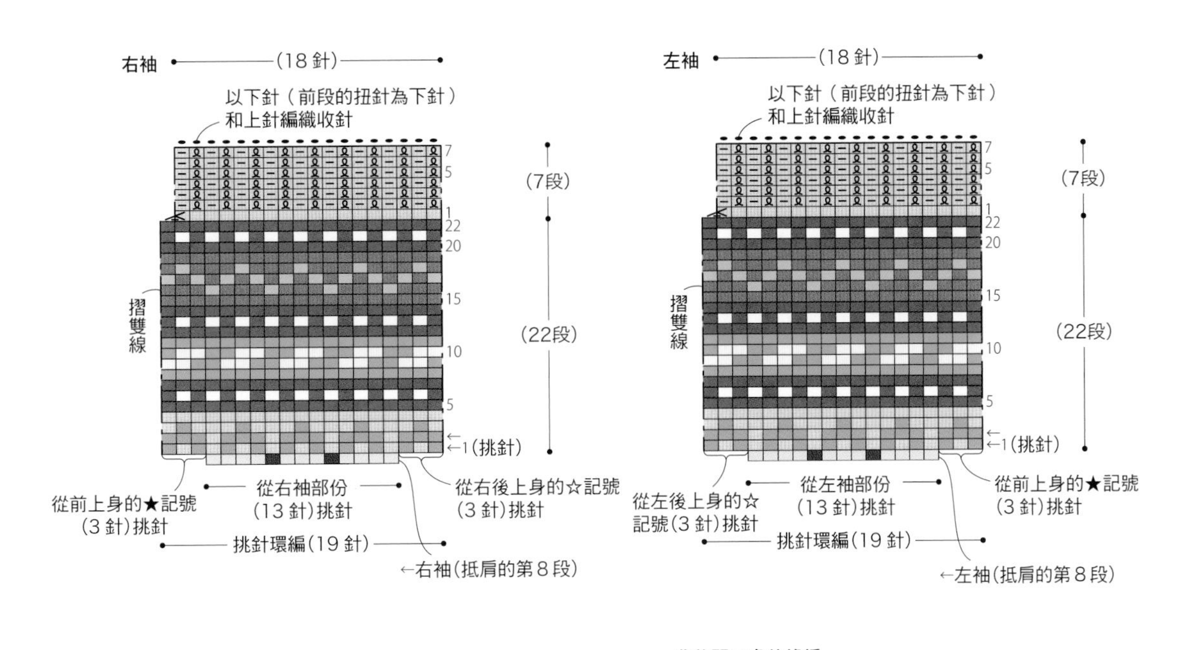
右袖
(18針)
以下針（前段的扭針為下針）
和上針編織收針
(7段)
(22段)
摺雙線
7
5
1
22
20
15
10
5
←1(挑針)
從前上身的★記號
(3針)挑針
從右袖部份
(13針)挑針
從右後上身的☆記號
(3針)挑針
挑針環編(19針)
←右袖(抵肩的第8段)
左袖
(18針)
以下針（前段的扭針為下針）
和上針編織收針
(7段)
(22段)
摺雙線
從左後上身的☆
記號(3針)挑針
從左袖部份
(13針)挑針
從前上身的★記號
(3針)挑針
挑針環編(19針)
←左袖(抵肩的第8段)

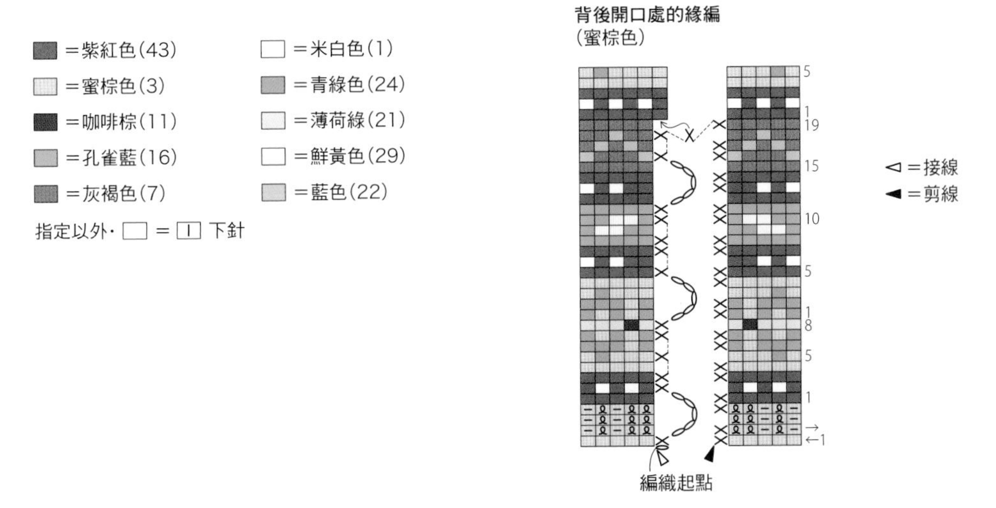
＝紫紅色(43)
＝蜜棕色(3)
＝咖啡棕(11)
＝孔雀藍(16)
＝灰褐色(7)
＝米白色(1)
＝青綠色(24)
＝薄荷綠(21)
＝鮮黃色(29)
＝藍色(22)
指定以外・ ＝ 下針
背後開口處的緣編
(蜜棕色)
5
1
19
15
10
5
1
8
5
1
←1
◁＝接線
◀＝剪線
編織起點

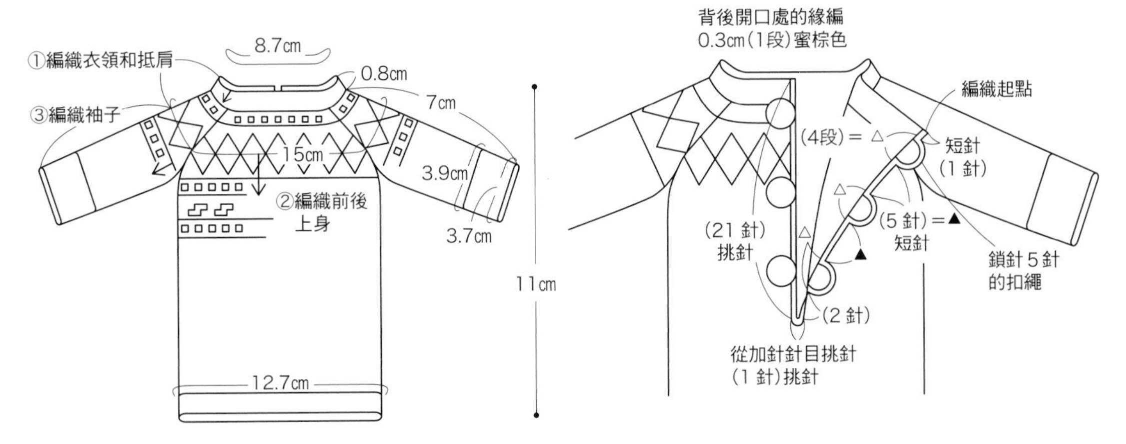
8.7cm
①編織衣領和抵肩
0.8cm
③編織袖子
7cm
15cm
3.9cm
②編織前後
上身
3.7cm
11cm
12.7cm
背後開口處的緣編
0.3cm(1段)蜜棕色
編織起點
(4段)＝△
短針
(1針)
(5針)＝▲
短針
(21針)
挑針
鎖針5針
的扣繩
(2針)
從加針針目挑針
(1針)挑針

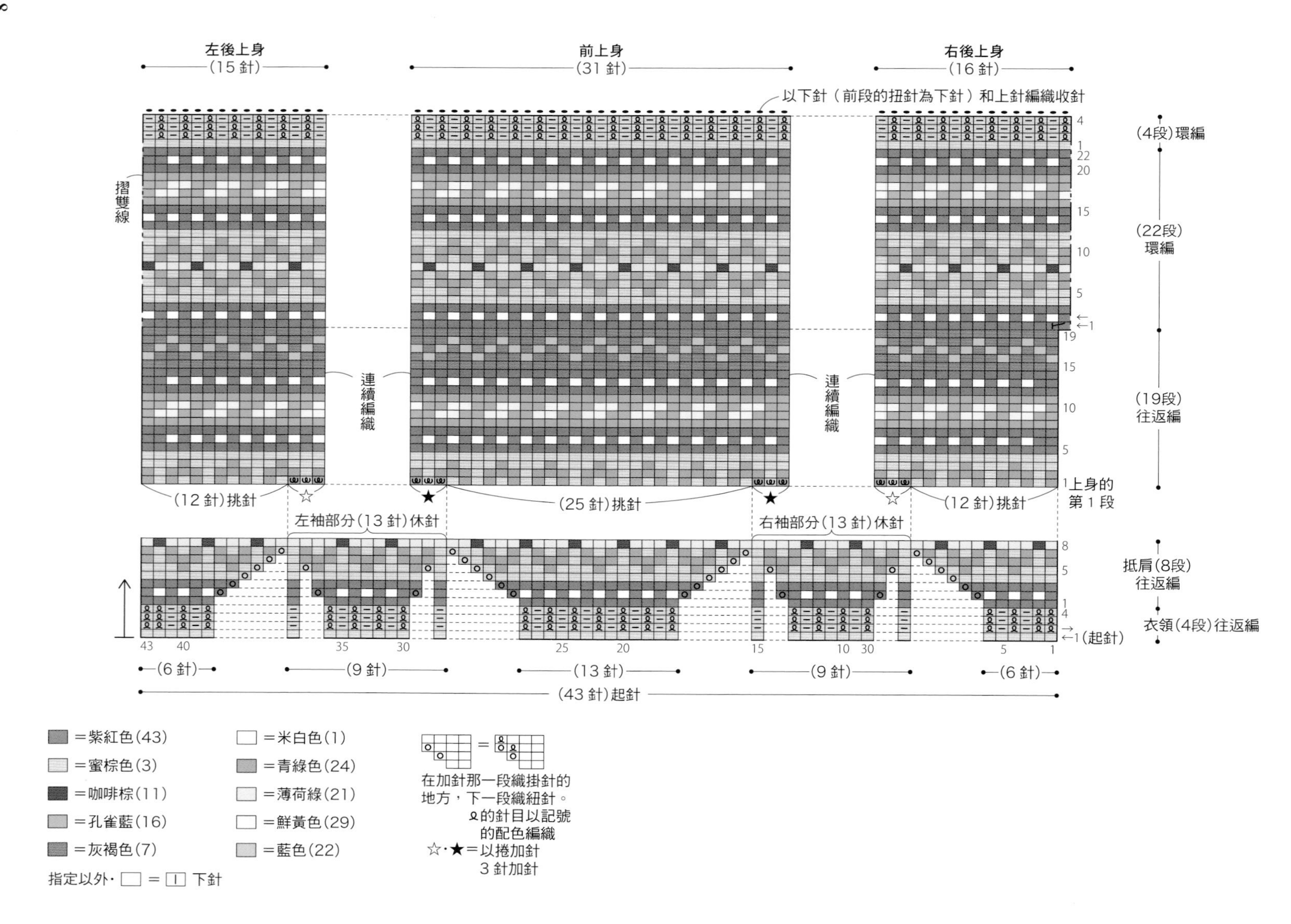

左後上身
(15針)
前上身
(31針)
右後上身
(16針)
以下針（前段的扭針為下針）和上針編織收針
(4段)環編
(22段)環編
(19段)往返編
摺雙線
連續編織
連續編織
上身的第1段
(12針)挑針
(25針)挑針
(12針)挑針
左袖部分(13針)休針
右袖部分(13針)休針
抵肩(8段)往返編
衣領(4段)往返編
1(起針)
(6針)
(9針)
(13針)
(9針)
(6針)
(43針)起針
=紫紅色(43)
=蜜棕色(3)
=咖啡棕(11)
=孔雀藍(16)
=灰褐色(7)
=米白色(1)
=青綠色(24)
=薄荷綠(21)
=鮮黃色(29)
=藍色(22)
指定以外・□=□下針
在加針那一段織掛針的地方，下一段織紐針。
ϱ的針目以記號的配色編織
☆・★=以捲加針3針加針

N 玫瑰圖樣披肩 Photo※p.12

線

DARUMA iroiro

深灰色（48）5g，紅色（37）2g，

幸運草綠（26）1g

針

2 支棒針 2 號

其他

鈕扣（直徑 7mm）6 顆、手縫線、縫針

完成尺寸

參照圖片

編織密度

編織圖樣 36 針、38 段（10cm 平方）

織法要點＊單線編織

手指掛線起針起 25 針。編織 2 段起伏針，繼續編織主體至第 61 段，兩側 2 針為起伏針，中央 21 針依編織圖樣編織。編織 2 段起伏針，編至最終段時收針。縫上鈕扣即完成。

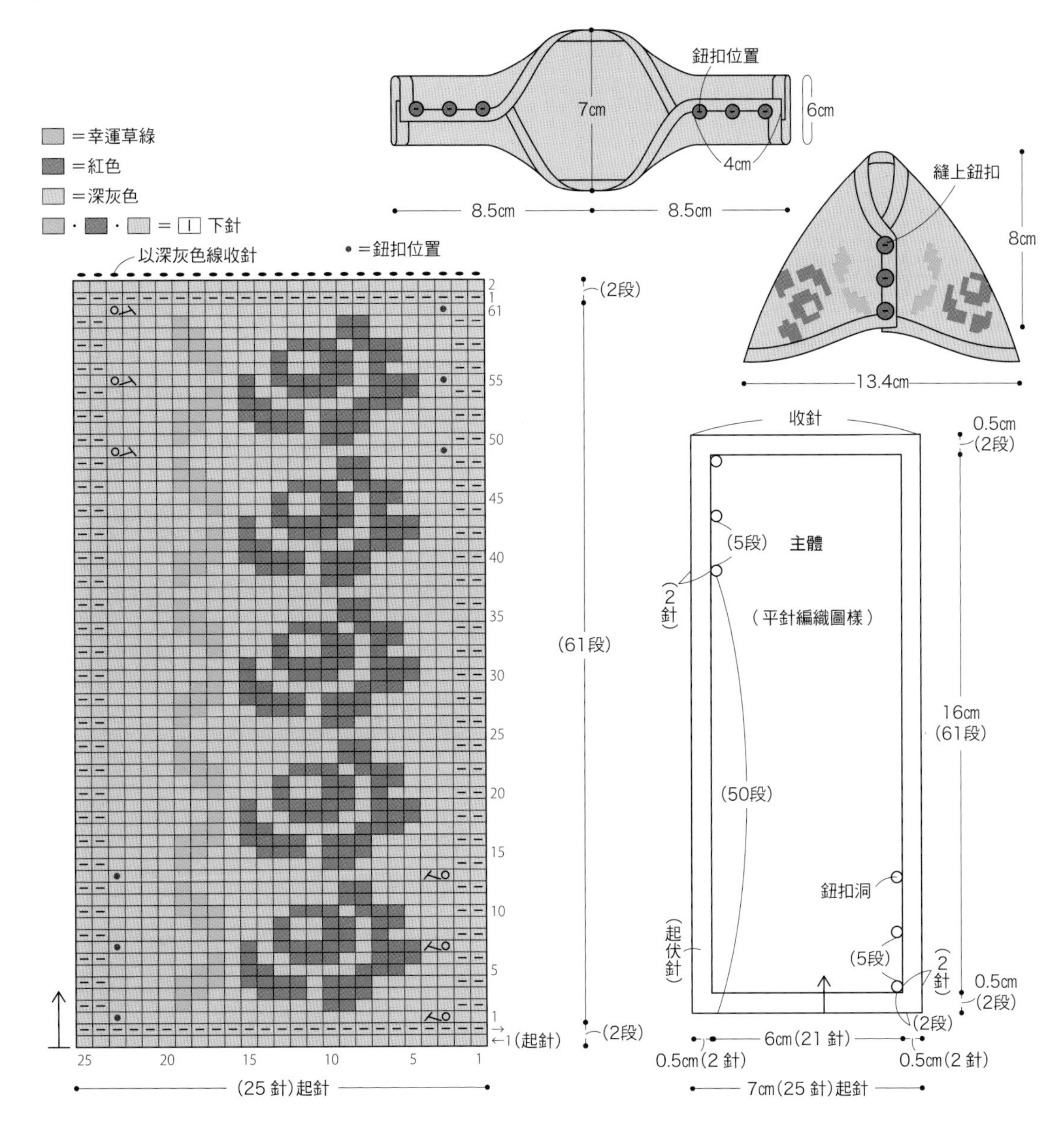

O 布胡斯開襟衫 Photo※p.13

線
Puppy Kid Mohair Fine
綠色（48）3g，白色（02）1g，
粉紅色（44）、橘色（58）各 0.5g

針
5 支棒針 0 號、串珠針 1.3mm 4 支

其他
娃娃用鈕扣（直徑 4mm）5 顆、手縫線、縫針

完成尺寸
參照圖片

編織密度
編織圖樣 24 針、35 段（10cm 平方）
平針編織 24 針、45 段（10cm 平方）

織法要點＊單線編織
1. 衣領、抵肩以手指掛線起針起 37 針。衣領編織 4 段，在 49 針加針，依編織圖樣 A，抵肩編織 11 段，編至最終段時先休針。
2. 前後上身，最初先編織 2 段後上身，接著繼續編 10 段前後上身，再編 4 段鬆緊編，編至最終段時收針。袖子從抵肩和上身的合印點，以挑針環編編織，編至最終段時收針。
3. 從上身挑針編織門襟。
4. 縫上鈕扣。

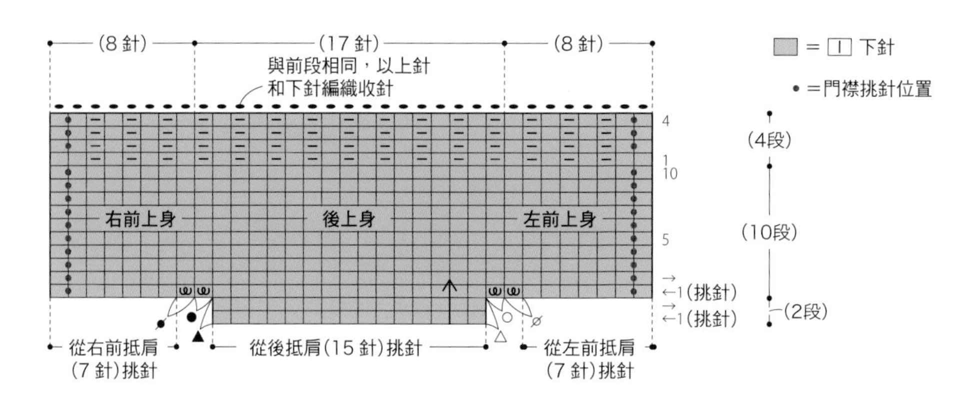

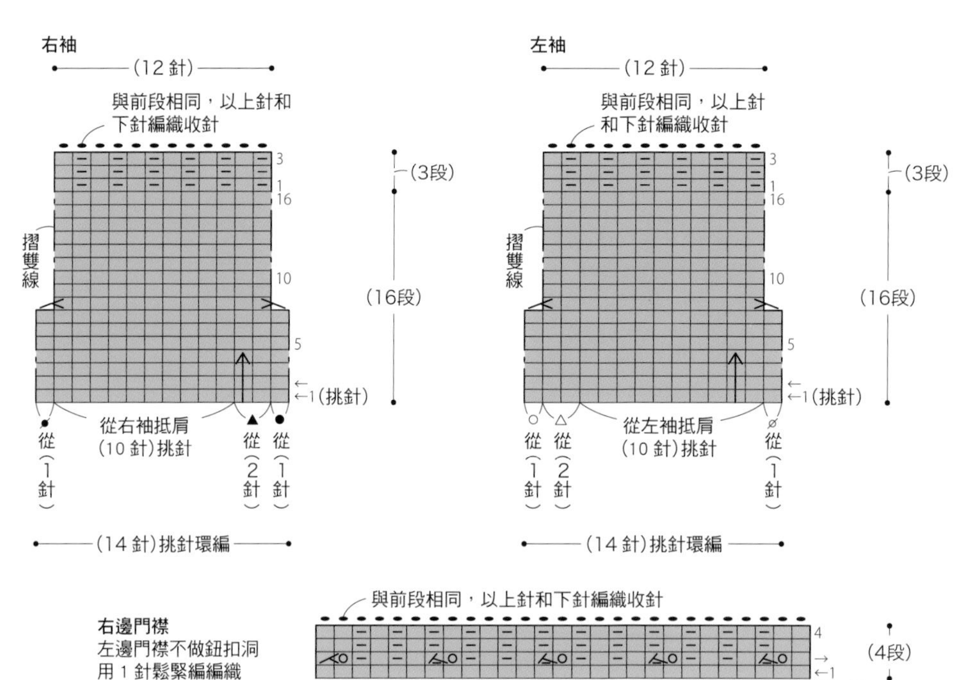

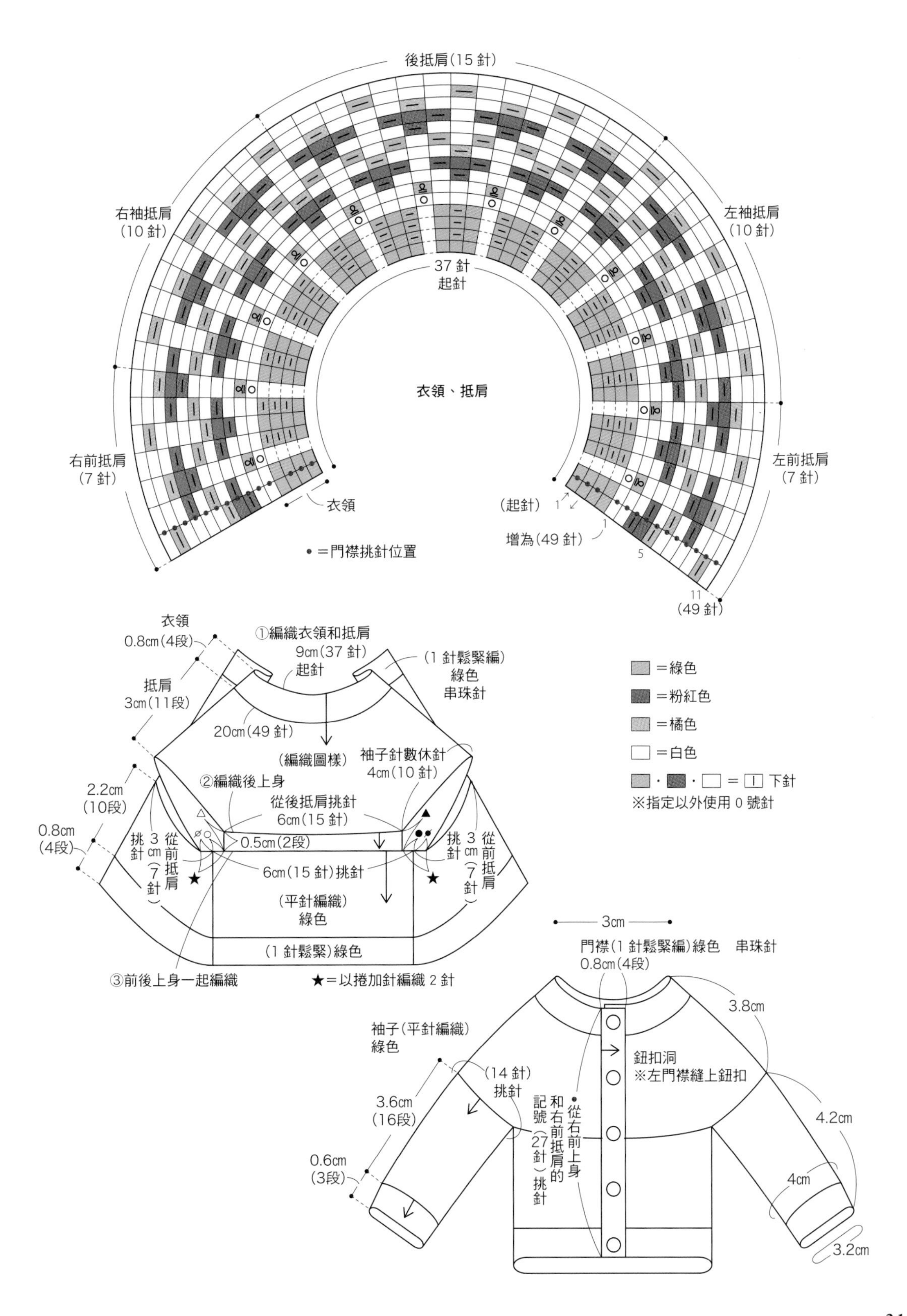
後抵肩(15針)
右袖抵肩
(10針)
左袖抵肩
(10針)
37針
起針
衣領、抵肩
右前抵肩
(7針)
左前抵肩
(7針)
衣領
(起針)
增為(49針)
(49針)
●＝門襟挑針位置
衣領
0.8cm(4段)
①編織衣領和抵肩
9cm(37針)
起針
(1針鬆緊編)
綠色
串珠針
抵肩
3cm(11段)
20cm(49針)
(編織圖樣)
袖子針數休針
4cm(10針)
②編織後上身
從後抵肩挑針
6cm(15針)
0.5cm(2段)
6cm(15針)挑針
2.2cm
(10段)
0.8cm
(4段)
從前抵肩3cm(7針)挑針
(平針編織)
綠色
(1針鬆緊)綠色
③前後上身一起編織
★＝以捲加針編織2針
＝綠色
＝粉紅色
＝橘色
＝白色
・・＝ 下針
※指定以外使用0號針
3cm
門襟(1針鬆緊編)綠色　串珠針
0.8cm(4段)
3.8cm
袖子(平針編織)
綠色
鈕扣洞
※左門襟縫上鈕扣
(14針)
挑針
3.6cm
(16段)
從右前上身和右前抵肩的記號(27針)挑針
4.2cm
0.6cm
(3段)
4cm
3.2cm

D,E 阿蓋爾毛衣&襪子 Photo※p.5

線

Puppy Kid Mohair Fine

D 毛衣：粉紅（44）4g，柔粉紅（4）1g，橘色（58）4m

E 襪子：粉紅（44）1g，柔粉紅（4）0.5g，橘色（58）1m

針

串珠針 1.3mm 4 支、蕾絲針 4 號

其他

毛線針（刺繡用）

完成尺寸

參照圖片

編織密度

平針編織圖樣 50 針、67 段（10cm 平方）

織法要點＊單線編織

毛衣

1. 前後上身以手指掛線起針起 28 針。編織 3 段 1 針鬆緊編，1 針加針縱向渡線編織圖樣，領口和肩斜度以引返針編織。以 1 針鬆緊編一邊消段，一邊編至肩頭，編至最終段時先休針。領口以引拔針收針。
2. 袖子從上身袖口挑針 25 針，從第 2 段以邊織邊加針的引返針編織袖山，兩側分別以 1 針加針，編織袖下以及袖口的緣編。編至最終段時，以引拔針收針。
3. 上身肩膀正面相對並對齊，引拔接合，在上身和袖子添加刺繡。從袖下與側邊的 1 針內側挑針綴縫縫合。

襪子

1. 手指掛線起針，襪筒長編織 18 段，腳跟處以引返針編織。從腳背休針的 8 針挑針，編至腳尖，編至最終段時先休針。
2. 添加刺繡，從側邊的 1 針內側挑針綴縫縫合，腳尖 8 針以平針綴縫接合。

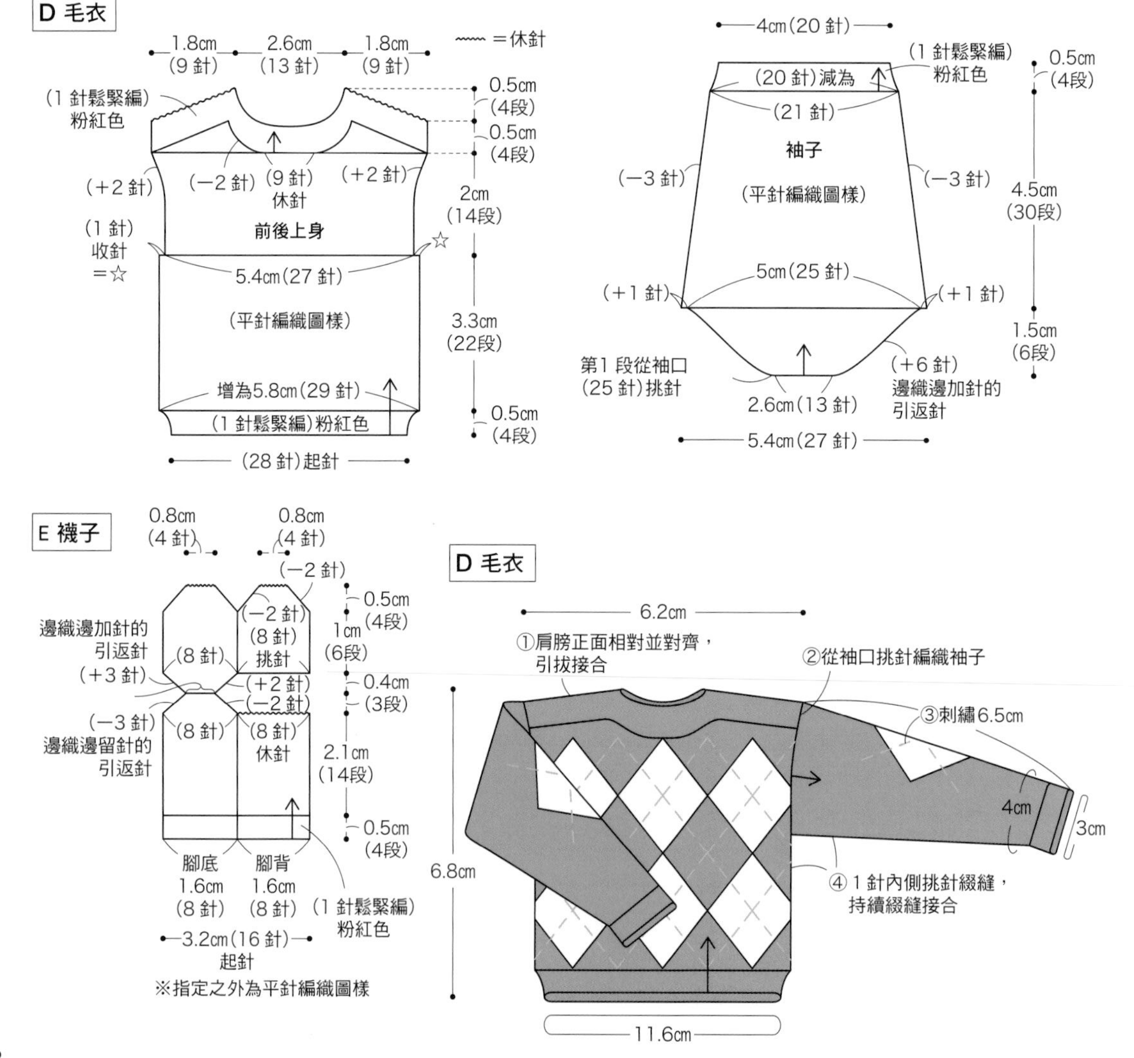

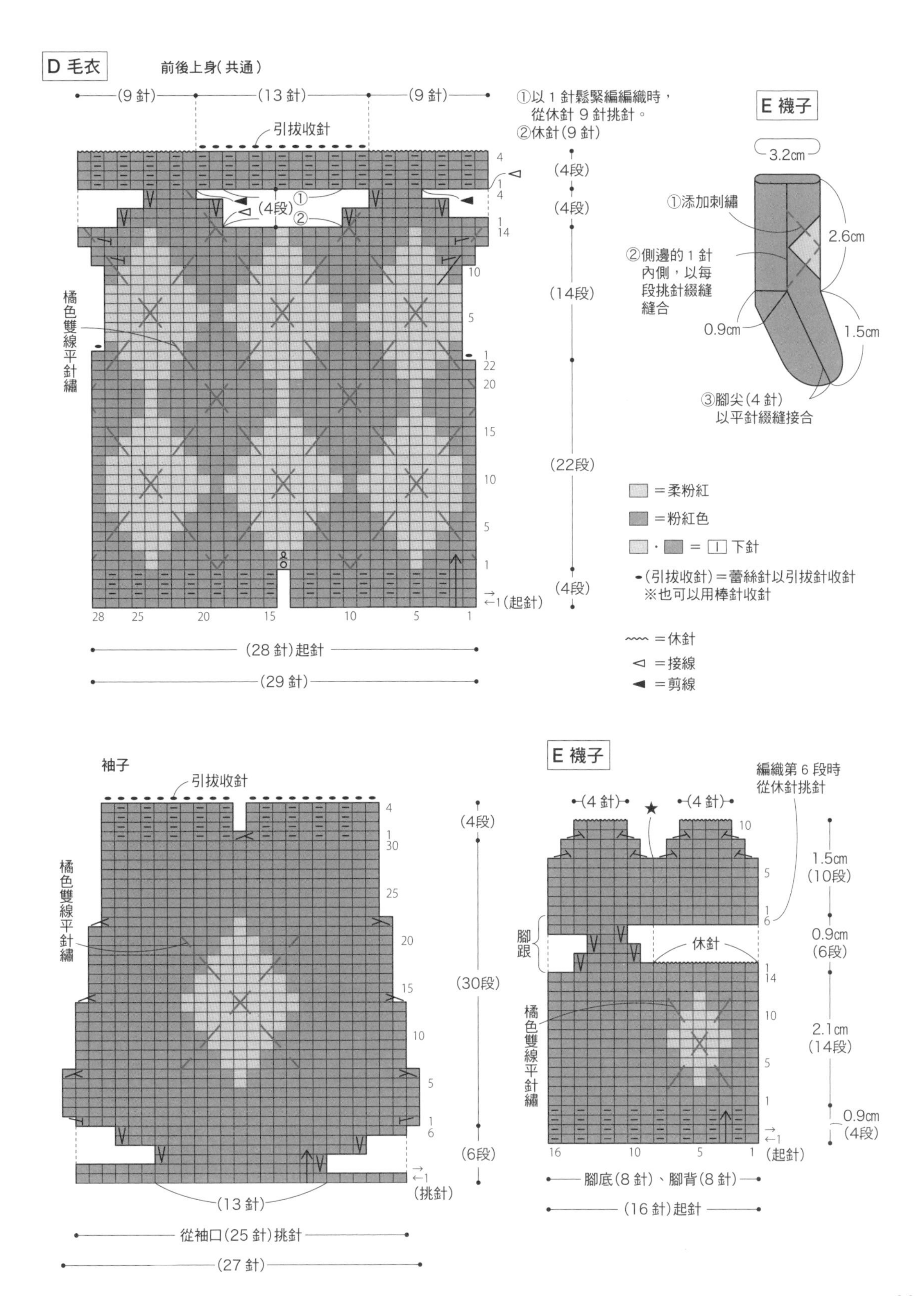
D 毛衣
前後上身(共通)
(9針)
(13針)
(9針)
引拔收針
①以1針鬆緊編編織時，
從休針9針挑針。
②休針(9針)
(4段)
(4段)
(14段)
(22段)
(4段)
橘色雙線平針繡
(28針)起針
(29針)
(起針)
E 襪子
3.2cm
①添加刺繡
2.6cm
②側邊的1針
內側，以每
段挑針綴縫
縫合
0.9cm
1.5cm
③腳尖(4針)
以平針綴縫接合
=柔粉紅
=粉紅色
・ = 下針
(引拔收針)=蕾絲針以引拔針收針
※也可以用棒針收針
=休針
=接線
=剪線
袖子
引拔收針
橘色雙線平針繡
(4段)
(30段)
(6段)
(13針)
(挑針)
從袖口(25針)挑針
(27針)
E 襪子
編織第6段時
從休針挑針
(4針)
(4針)
1.5cm
(10段)
腳跟
休針
0.9cm
(6段)
橘色雙線平針繡
2.1cm
(14段)
0.9cm
(4段)
(起針)
腳底(8針)、腳背(8針)
(16針)起針

A 艾倫毛衣 Photo※p.2

線

Puppy British Fine

白色：白色（001）10g，粉紅色：粉紅色（031）10g

針

4 支棒針 2 號、4 支棒針 2 號（短）、鉤針 2/0 號

其他

鈕扣（直徑 5mm）5 顆、手縫線、縫針

完成尺寸

參照圖片

編織密度

圖樣編織 A 46 針、42 段（10cm 平方）

圖樣編織 B 28 針、46 段（10cm 平方）

織法要點（a、b 共通）＊單線編織

1. 前後上身以手指掛線起針，編織 4 段 1 針鬆緊編，持續依圖樣編織編織。編至最終段時，領口和肩膀的針數，分別用別線穿過後先休針。
2. 前後上身的肩膀正面相對並對齊，以引拔針接合，從前後袖口挑針編織衣領。編至最終段時收針。從側邊的 1 針內側挑針綴縫縫合。
3. 袖子從前後袖口挑針環編編織，編至最終段時收針。
4. 縫上鈕扣。

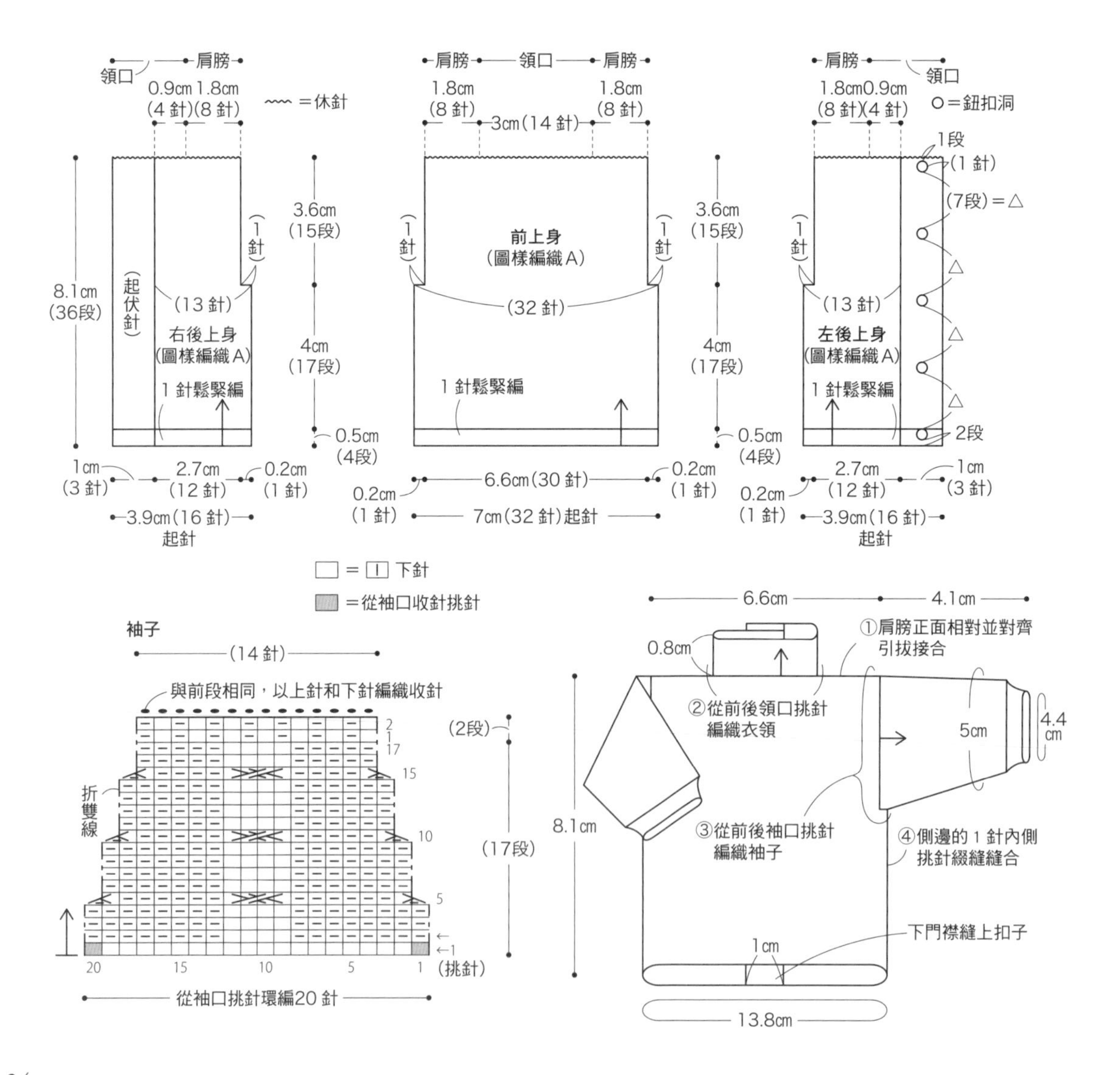

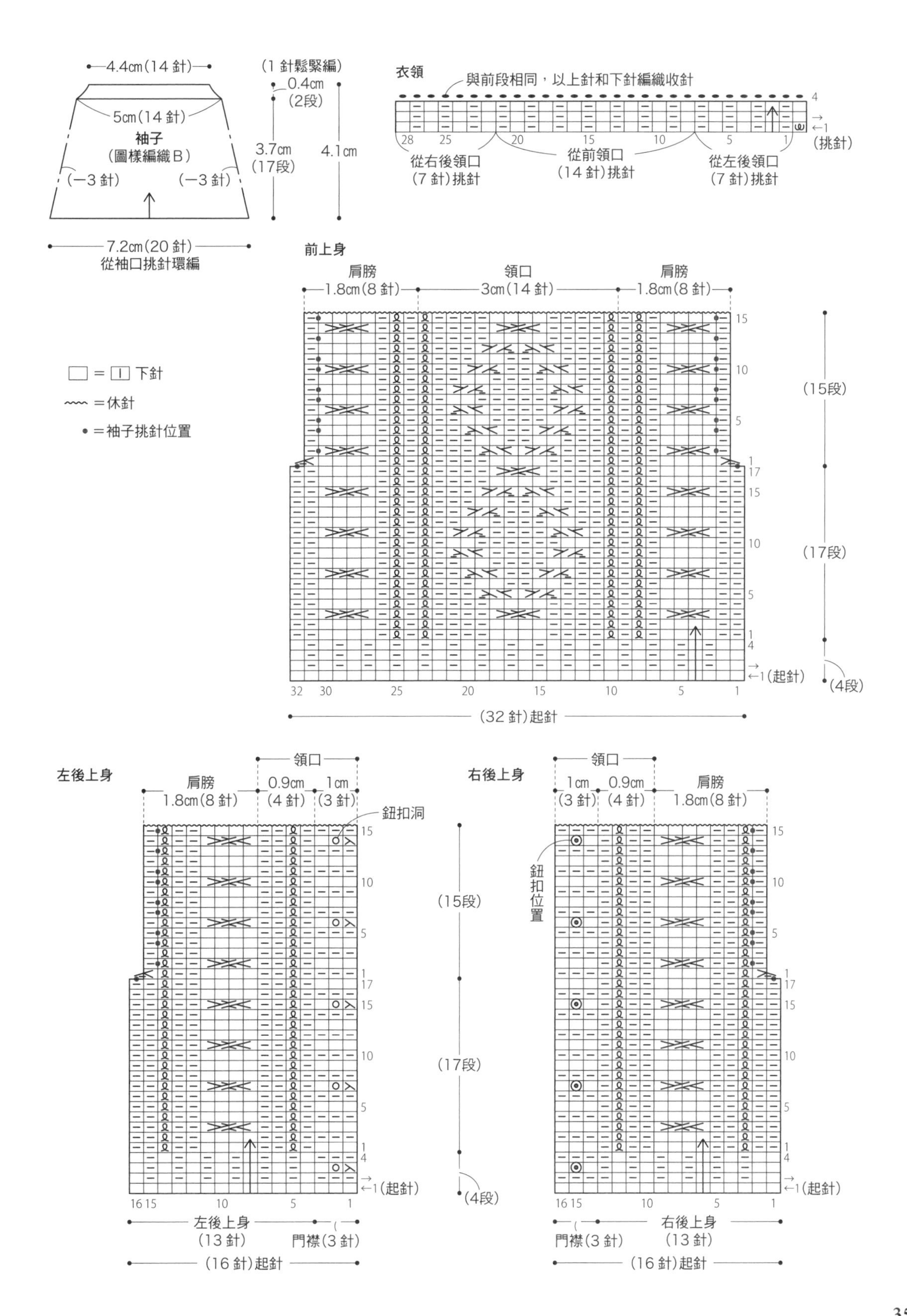
4.4cm(14針)
5cm(14針)
袖子
(圖樣編織B)
(−3針)
(−3針)
7.2cm(20針)
從袖口挑針環編
(1針鬆緊編)
0.4cm
(2段)
3.7cm
(17段)
4.1cm
衣領
與前段相同，以上針和下針編織收針
(挑針)
從右後領口
(7針)挑針
從前領口
(14針)挑針
從左後領口
(7針)挑針
前上身
肩膀
1.8cm(8針)
領口
3cm(14針)
肩膀
1.8cm(8針)
(15段)
(17段)
(4段)
(起針)
(32針)起針
□ = 丨 下針
〰 = 休針
● = 袖子挑針位置
左後上身
肩膀
1.8cm(8針)
領口
0.9cm
(4針)
1cm
(3針)
鈕扣洞
(15段)
(17段)
(4段)
(起針)
左後上身
(13針)
門襟(3針)
(16針)起針
右後上身
領口
1cm
(3針)
0.9cm
(4針)
肩膀
1.8cm(8針)
鈕扣位置
(起針)
門襟(3針)
右後上身
(13針)
(16針)起針

C 根西毛衣 Photo※p.4

線

Hamanaka 純毛中細　深藍色（19）8g

針

串珠針 1.3mm 4 支、蕾絲針 0 號

其他

鈕扣（直徑 8mm）2 顆、手縫線、縫針

完成尺寸

參照圖片

編織密度

圖樣編織 38 針、54 段（10cm 平方）

平針編織 38 針、68 段（10cm 平方）

織法要點＊單線編織

1. 抵肩以手指掛線起針起 34 針，以 2 針鬆緊編編織衣領，依圖樣編織編織抵肩。抵肩編至最終段時先休針。
2. 前後上身從抵肩挑針，依圖樣編織編織 7 段前後上身，繼續依平針編織環編編織。衣襬以 2 針鬆緊編編織，編至最終段時與前段相同，一邊以上針和下針編織，一邊收針。
3. 袖子從抵肩和前後上身的側寬（☆、★記號），挑針環編編織圖樣編織和平針編織。袖口以 2 針鬆緊編編織，編至最終段時與前段相同，一邊以上針和下針編織，一邊收針。
4. 背後開口處編織緣編，縫上鈕扣。

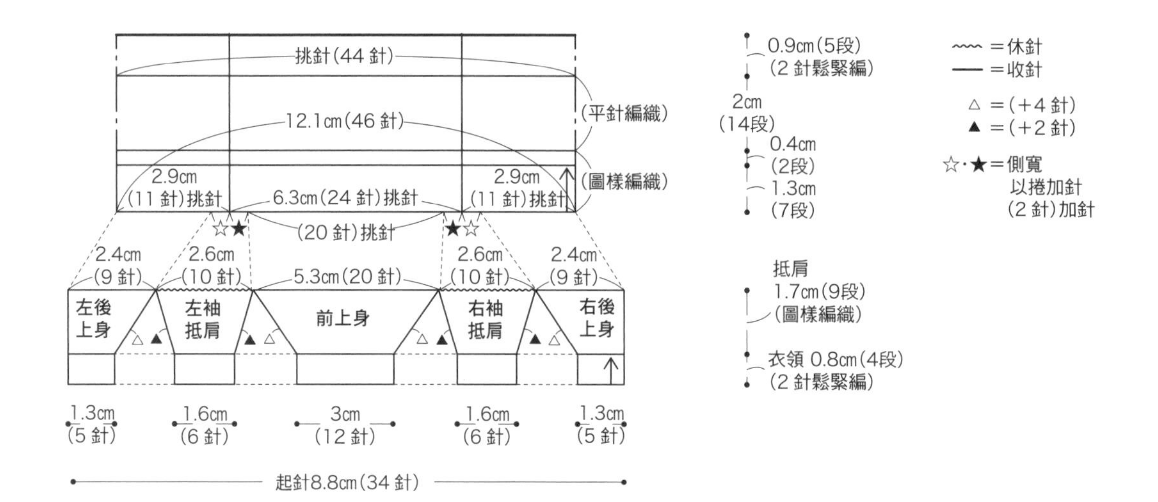

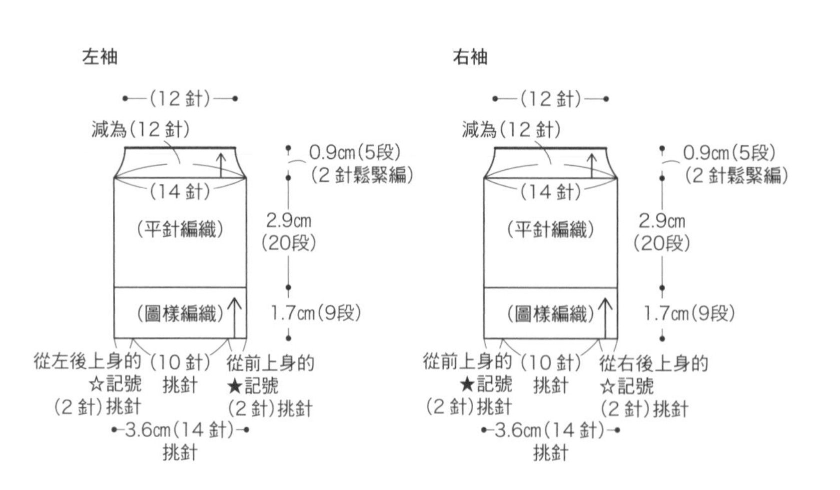

背後開口處的緣編

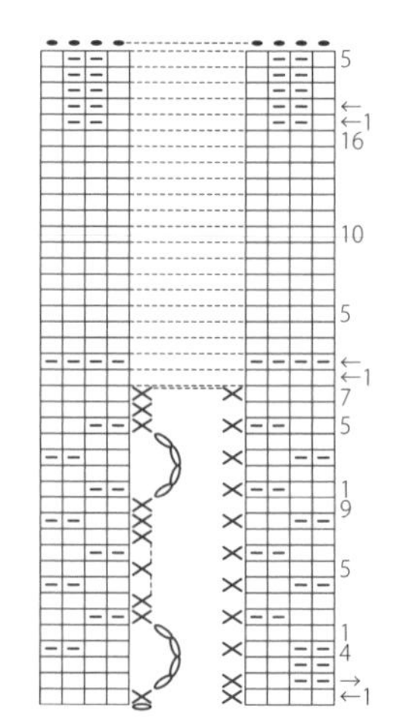

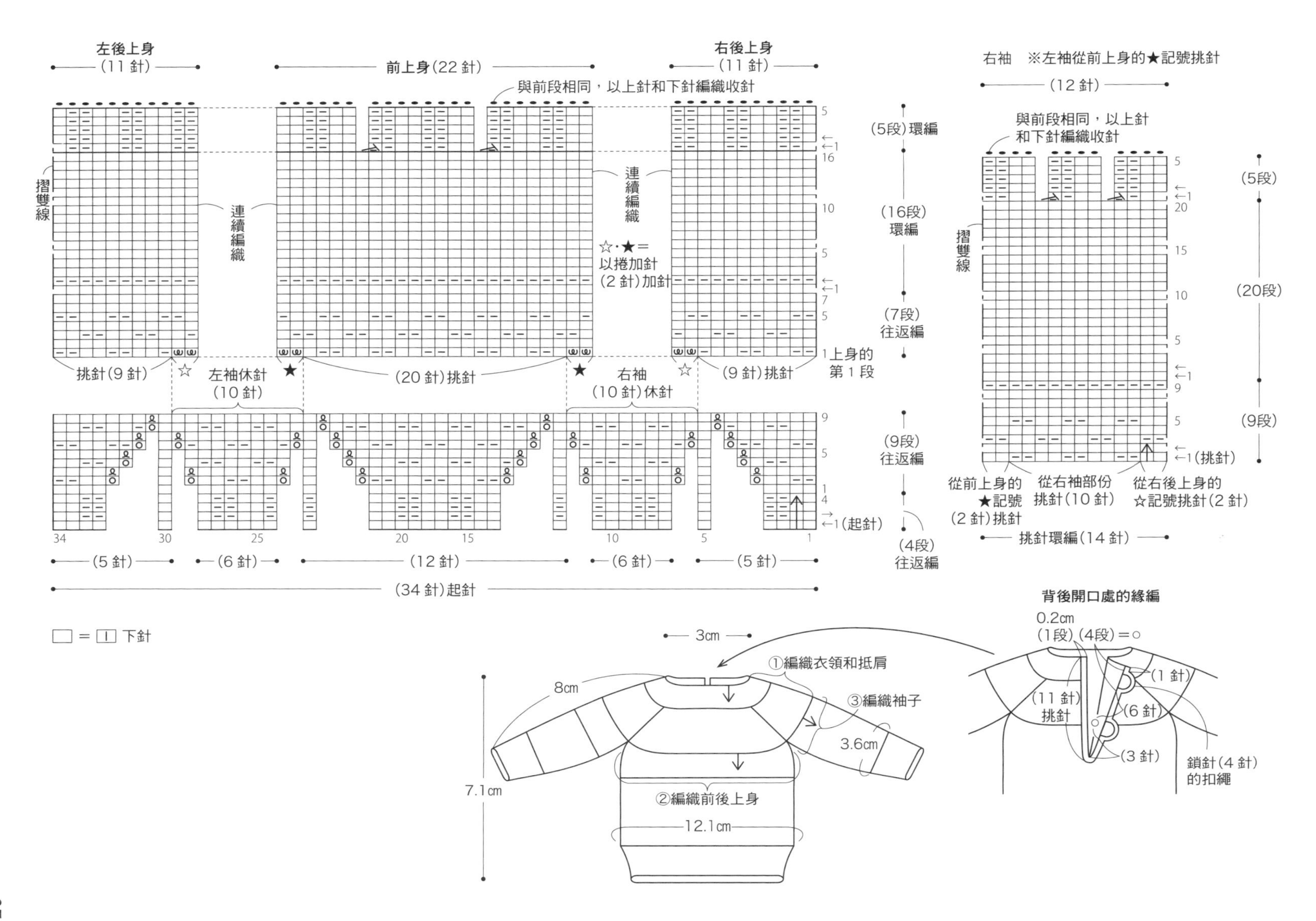
左後上身
(11針)
前上身(22針)
右後上身
(11針)
與前段相同，以上針和下針編織收針
摺雙線
連續編織
☆·★=
以捲加針
(2針)加針
上身的
第1段
挑針(9針)
左袖休針
(10針)
(20針)挑針
右袖
(10針)休針
(9針)挑針
(5段)環編
(16段)環編
(7段)往返編
(9段)往返編
(4段)往返編
(起針)
(5針)
(6針)
(12針)
(6針)
(5針)
(34針)起針
□ = ⏐ 下針
右袖　※左袖從前上身的★記號挑針
(12針)
與前段相同，以上針
和下針編織收針
(5段)
(20段)
(9段)
(挑針)
從前上身的
★記號
(2針)挑針
從右袖部份
挑針(10針)
從右後上身的
☆記號挑針(2針)
挑針環編(14針)
3cm
①編織衣領和抵肩
③編織袖子
8cm
3.6cm
7.1cm
②編織前後上身
12.1cm
背後開口處的緣編
0.2cm
(1段)(4段)=○
(1針)
(11針)
挑針
(6針)
(3針)
鎖針(4針)
的扣繩

H 羅比毛衣 Photo※p.8

線

Puppy New 3PLY

原色（302）、水藍色（311）各4g，藏青色（326）2g

針

串珠針 1.3mm 4 支

其他

娃娃用鈕扣（直徑 4mm）2 顆、手縫線、縫針

完成尺寸

參照圖片

編織密度

編織圖樣 A 46 針、55 段（10cm 平方）

編織圖樣 B 46 針、60 段（10cm 平方）

織法要點＊單線編織

1. 衣領、抵肩以手指掛線起針起 35 針。衣領編織 4 段，在 29 針挑針，依編織圖樣 A編織 15 段抵肩。編至最終段時先休針。
2. 前後上身從抵肩挑針環編編織 24 段，編至最終段時收針。袖子從抵肩和上身的合印點挑針編織，編至最終段時收針。
3. 在抵肩編織扣繩，縫上鈕扣。

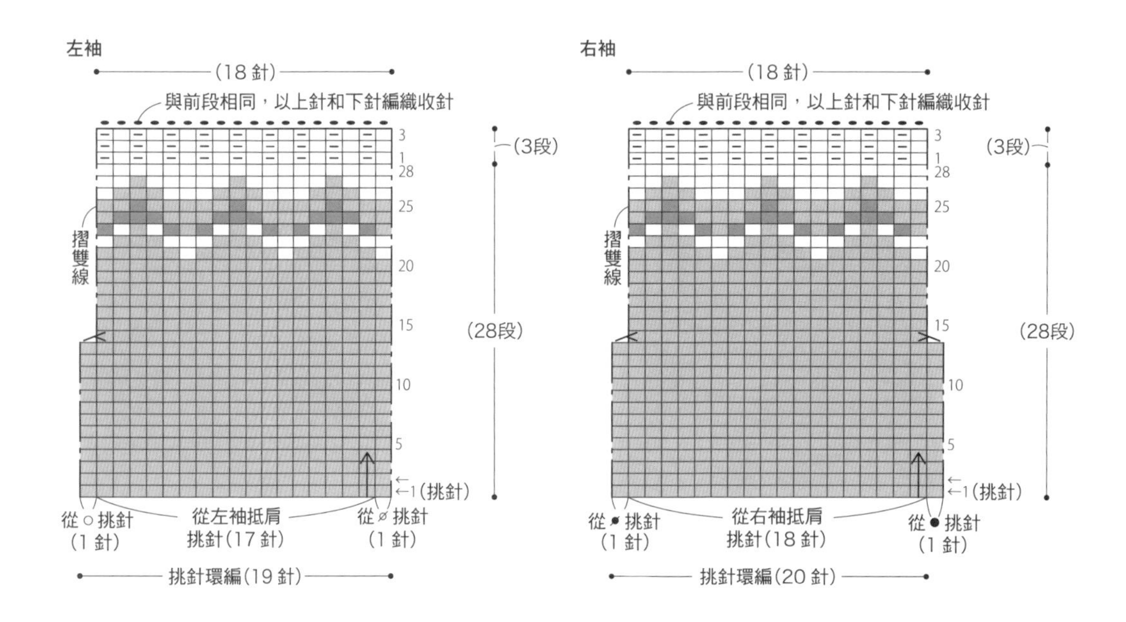

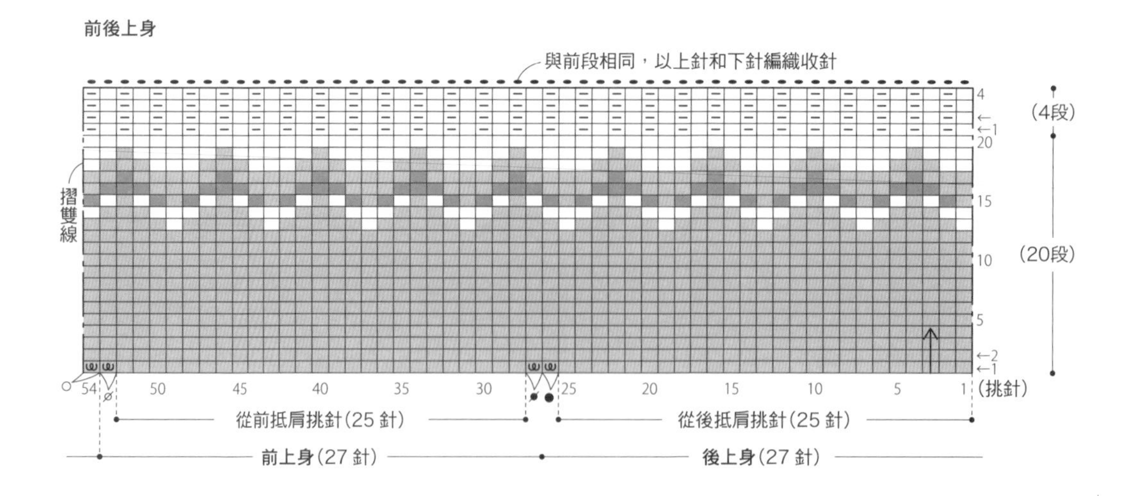

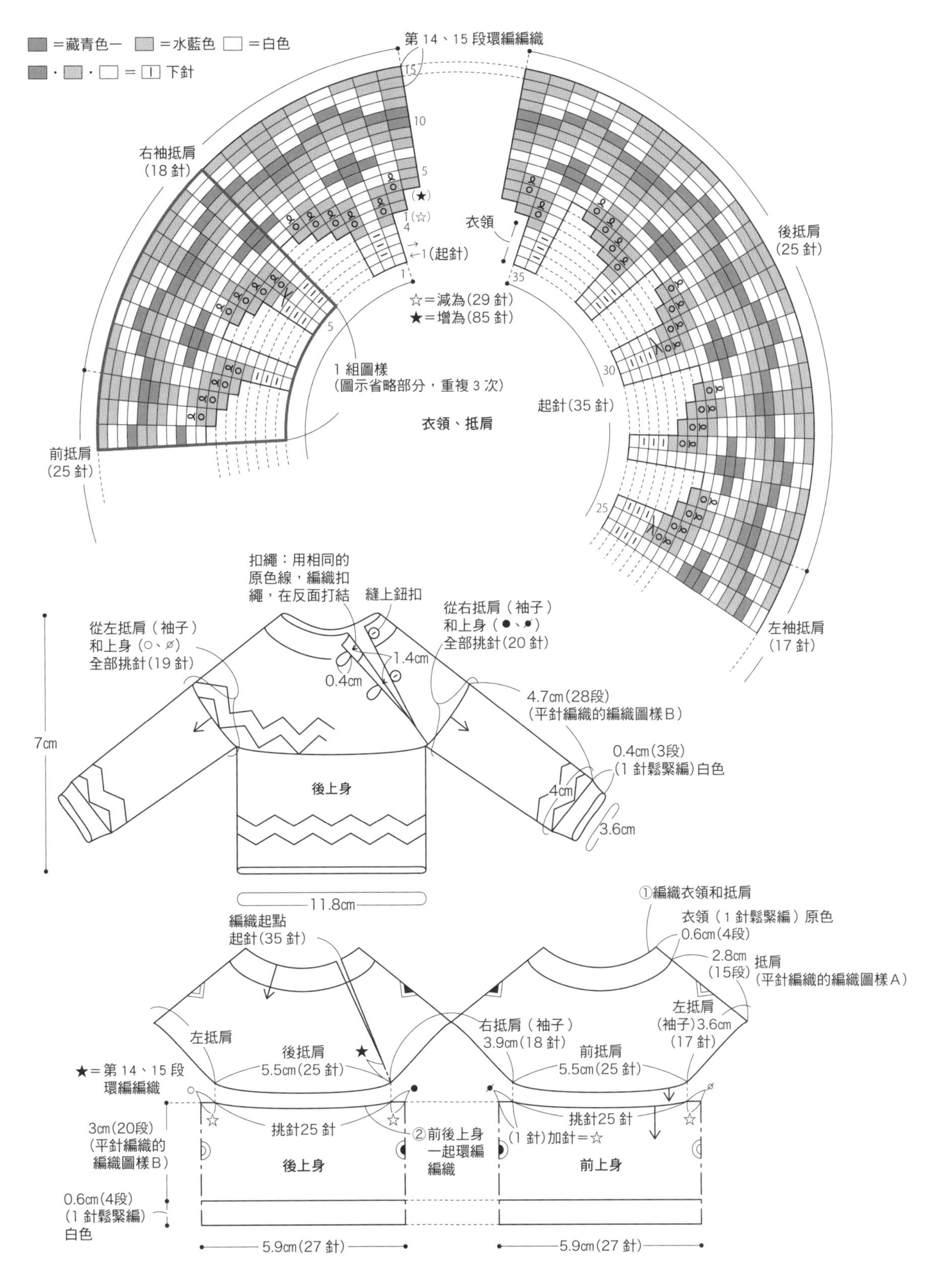

＝藏青色一　＝水藍色　＝白色
・・＝ 下針
第 14、15 段環編編織
右袖抵肩
(18 針)
衣領
後抵肩
(25 針)
1(起針)
☆＝減為(29 針)
★＝增為(85 針)
1 組圖樣
(圖示省略部分，重複 3 次)
衣領、抵肩
起針(35 針)
前抵肩
(25 針)
左袖抵肩
(17 針)
扣繩：用相同的
原色線，編織扣
繩，在反面打結
縫上鈕扣
從左抵肩（袖子）
和上身（○、⌀）
全部挑針(19 針)
從右抵肩（袖子）
和上身（●、⌀）
全部挑針(20 針)
1.4cm
0.4cm
4.7cm(28段)
(平針編織的編織圖樣 B)
7cm
0.4cm(3段)
(1 針鬆緊編)白色
4cm
3.6cm
後上身
11.8cm
①編織衣領和抵肩
衣領（1 針鬆緊編）原色
0.6cm(4段)
2.8cm
(15段)
抵肩
(平針編織的編織圖樣 A)
編織起點
起針(35 針)
左抵肩
(袖子)3.6cm
(17 針)
右抵肩（袖子）
3.9cm(18 針)
左抵肩
後抵肩
5.5cm(25 針)
前抵肩
5.5cm(25 針)
★＝第 14、15 段
環編編織
3cm(20段)
(平針編織的
編織圖樣 B)
挑針25 針
②前後上身
一起環編
編織
挑針25 針
(1 針)加針＝☆
後上身
前上身
0.6cm(4段)
(1 針鬆緊編)
白色
5.9cm(27 針)
5.9cm(27 針)

I,J 編織套裝 Photo※p.9

線

DARUMA iroiro

I 開襟衫：米白色（1）6g，

幸運草綠（26）、莓果紅（44）各 1g

J 裙子：米白色（1）4g，

幸運草綠（26）、莓果紅（44）各少量

針

4 支棒針 0 號、蕾絲針 0 號

其他

鈕扣

I 開襟衫：（直徑 6mm）4 顆

J 裙子：（直徑 8mm）1 顆、手縫線、縫針

完成尺寸

參照圖片

編織密度

編織圖樣 40 針、56 段（10cm 平方）

平針編織 40 針、51 段（10cm 平方）

織法要點＊單線編織

I 開襟衫：

1. 前後上身以手指掛線起針起 41 針，依編織圖樣編織。從袖口分別編織前後上身。領口、肩膀編至最終段時先休針。
2. 上身正面相對並對齊，肩膀引拔接合，從前後領口挑針編織衣領。
3. 編織門襟。
4. 袖子從上身袖口挑針環編，以平針編織，編至最終段時與前段相同，一邊以上針和下針編織，一邊收針。
5. 縫上鈕扣。

J 裙子：

手指掛線起針起 48 針，環編編織。在裙襬編織拉脫維亞辮子針後，繼續依編織圖樣編織主體，在第 23 段減為 35 針。接著以往返編，編織 4 段 1 針鬆緊編，編至最終段時與前段相同，一邊以上針和下針編織，一邊收針。從收針處接著以鎖針編織扣繩，縫上鈕扣。

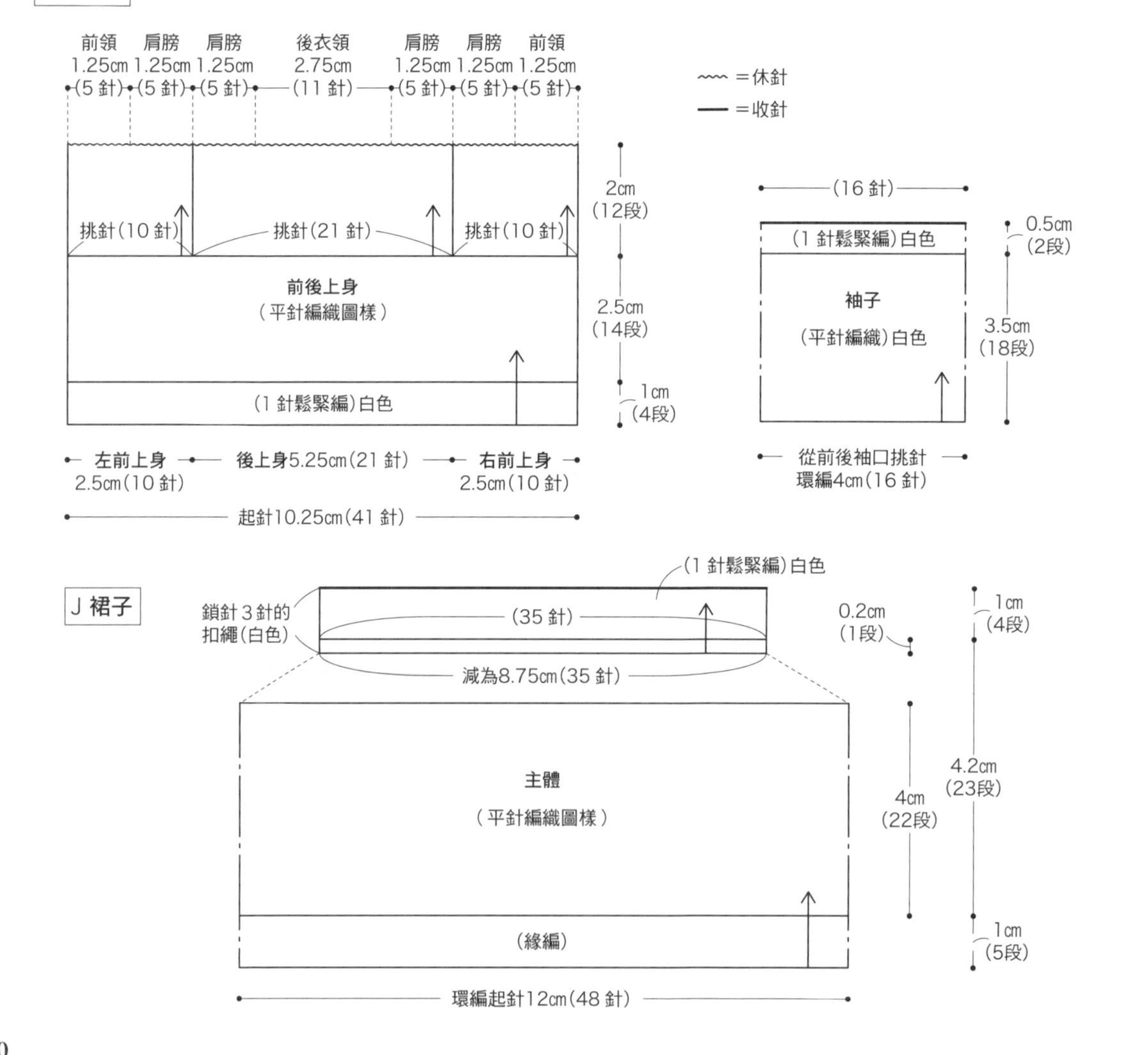

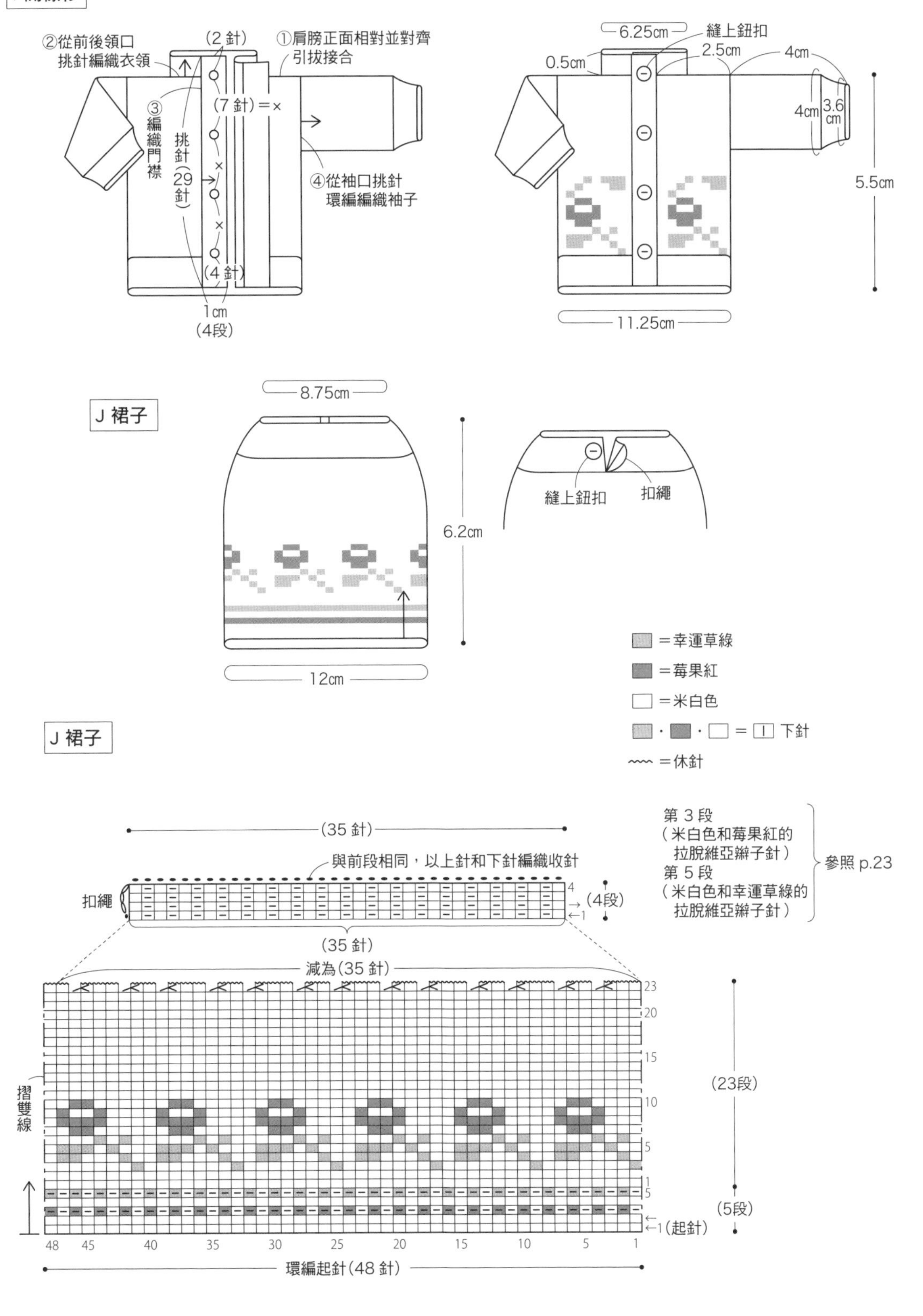
I 開襟衫
②從前後領口
挑針編織衣領
(2 針)
①肩膀正面相對並對齊
引拔接合
③
編織門襟
挑針(29針)
(7 針)＝×
④從袖口挑針
環編編織袖子
(4 針)
1cm
(4段)
6.25cm
縫上鈕扣
0.5cm
2.5cm
4cm
4cm
3.6cm
5.5cm
11.25cm
J 裙子
8.75cm
6.2cm
12cm
縫上鈕扣
扣繩
＝幸運草綠
＝莓果紅
＝米白色
＝ 下針
＝休針
J 裙子
(35 針)
與前段相同，以上針和下針編織收針
扣繩
(4段)
(35 針)
減為(35 針)
第 3 段
（米白色和莓果紅的
拉脫維亞辮子針）
第 5 段
（米白色和幸運草綠的
拉脫維亞辮子針）
參照 p.23
摺雙線
(23段)
(5段)
1(起針)
環編起針(48 針)

I 開襟衫

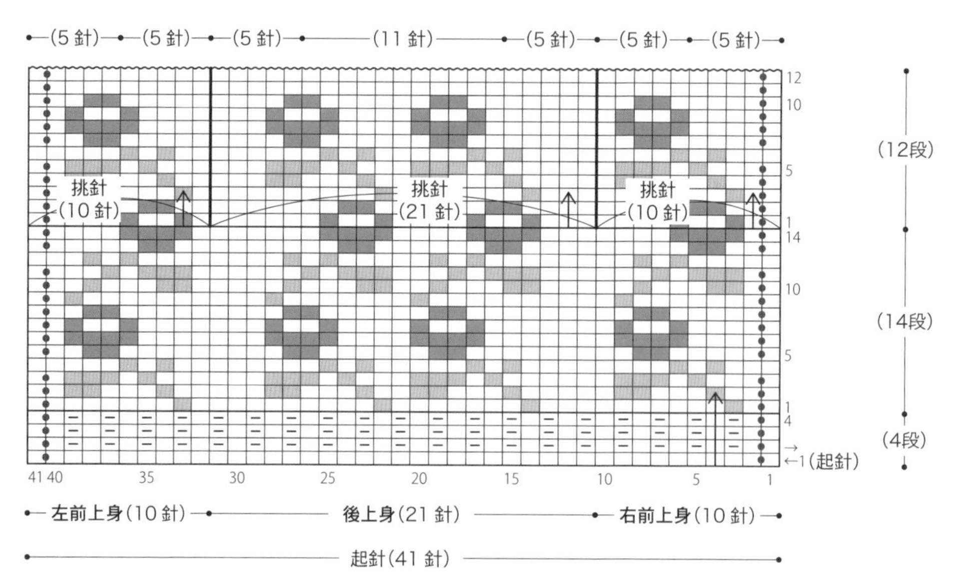

(5針)
(5針)
(5針)
(11針)
(5針)
(5針)
(5針)
挑針
(10針)
挑針
(21針)
挑針
(10針)
(12段)
(14段)
(4段)
1(起針)
左前上身(10針)
後上身(21針)
右前上身(10針)
起針(41針)

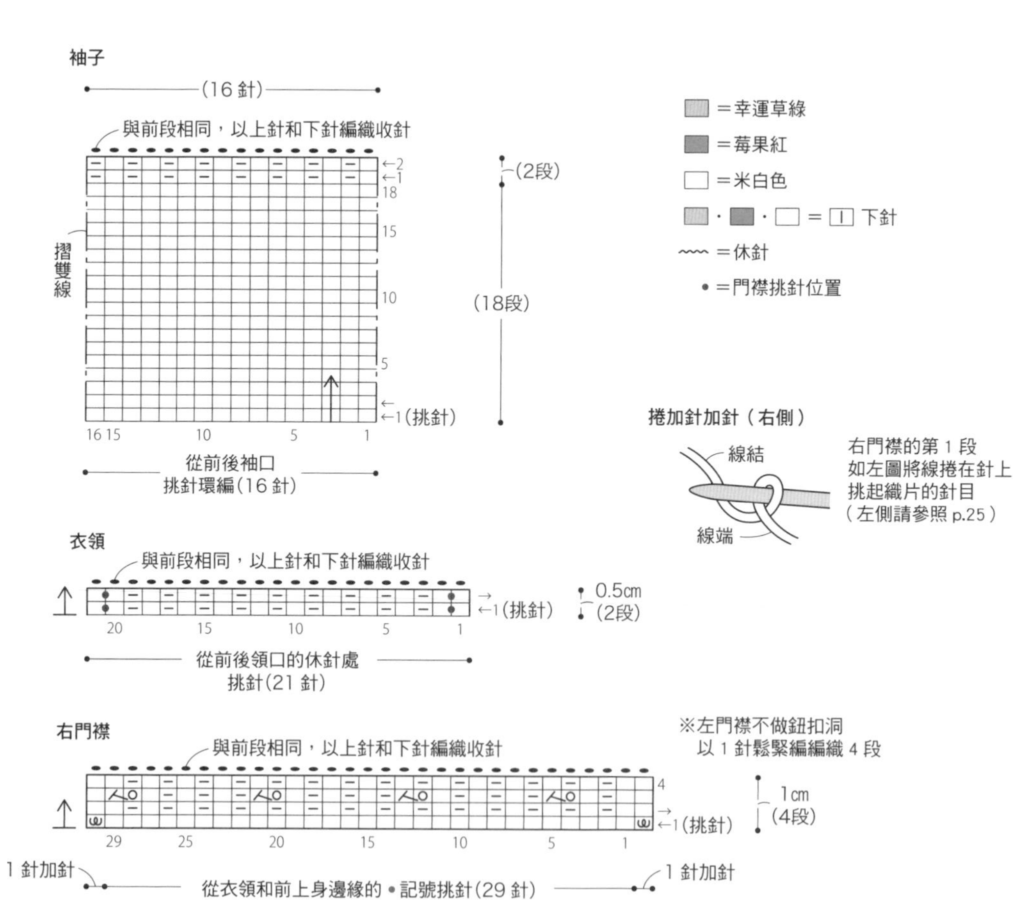

袖子
(16針)
與前段相同，以上針和下針編織收針
(2段)
(18段)
摺雙線
1(挑針)
從前後袖口
挑針環編(16針)
＝幸運草綠
＝莓果紅
＝米白色
＝ 下針
＝休針
＝門襟挑針位置
捲加針加針（右側）
線結
線端
右門襟的第1段
如左圖將線捲在針上
挑起織片的針目
（左側請參照 p.25）
衣領
與前段相同，以上針和下針編織收針
1(挑針)
0.5cm
(2段)
從前後領口的休針處
挑針(21針)
右門襟
※左門襟不做鈕扣洞
以1針鬆緊編編織4段
與前段相同，以上針和下針編織收針
1(挑針)
1cm
(4段)
1針加針
從衣領和前上身邊緣的•記號挑針(29針)
1針加針

B 艾倫帽 Photo※p.3

線

DARUMA iroiro

黃色帽子：芥末綠（30）3g　白色帽子：米白色（1）3g

深藍色帽子：夜空藍（17）3g

針

4 支棒針 2 號

完成尺寸

參照圖片

編織密度

圖樣編織 44 針、48 段（10cm 平方）

織法要點（3 件作品共通）＊單線編織

以一般環編起針起 40 針，編織 3 段 1 針鬆緊編，編織 20 段圖樣編織。編至最終段時，間隔 1 針，將線穿 2 圈收緊。

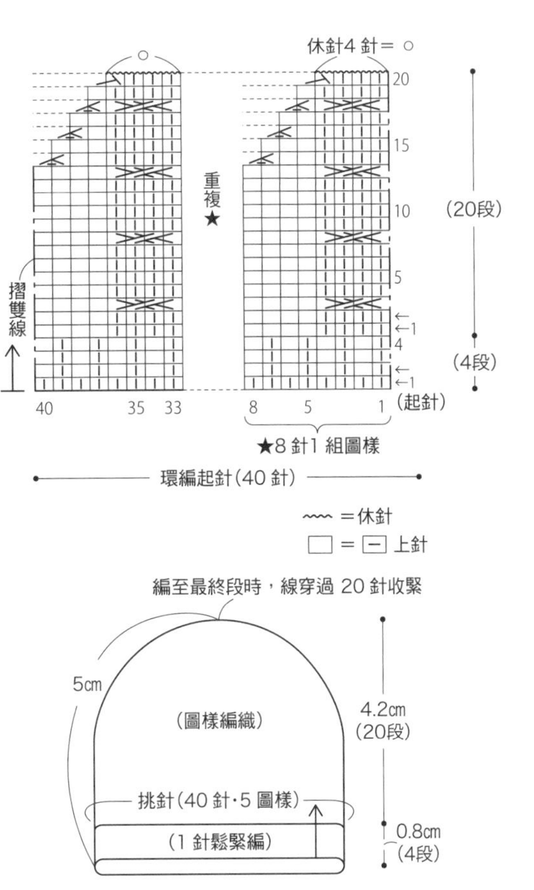

U 三角手套 Photo※p.19

線

Puppy New 2PLY

白色（202）、紅色（221）各少量

針

4 支棒針 0 號

完成尺寸

參照圖片

編織密度

平針編織 44 針、60 段（10cm 平方）

織法要點＊單線編織

1. 主體以手指掛線起針起 16 針，以環編編至大拇指開口，大拇指開口的 3 針以別線編織。下一段的大拇指開口，從別線挑針，全部 16 針編至 12 段，指尖一邊減針，一邊編織 3 段。編至最終段時，線穿過 4 針收緊。
2. 大拇指拆開別線，從上下的針目挑針 6 針，兩側 1 針加針，全部 8 針編至指尖。編至最終段時穿線收緊。
3. 製作辮繩，綴縫在手腕。

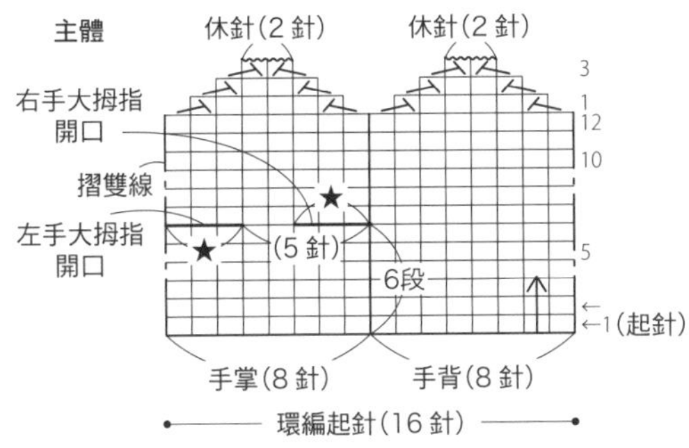

大拇指開口起編方法

拆開別線挑針

挑針(3 針) (1 針)

(1 針) 挑針(3 針)

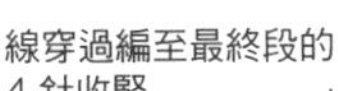

大拇指（平針編織）

休針(2 針)　休針(2 針)

折雙線

☆(3 針)☆(3 針)　(挑針)

☆＝(1 針)加針

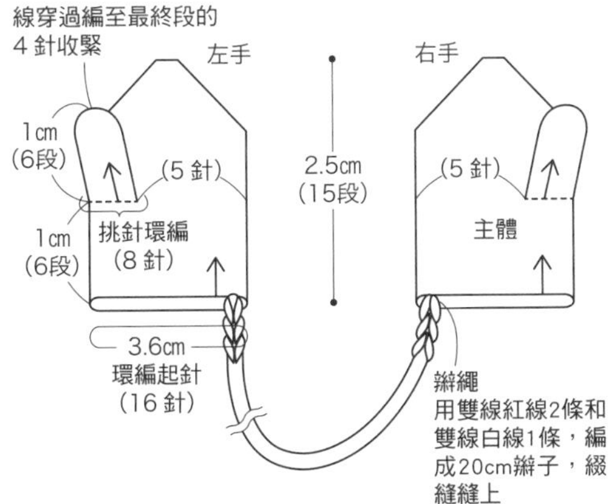

K,L 哈蘭德風毛衣&脖圍 Photo※p.10

線

DARUMA SUPERWASH MERINO

K 毛衣：原色（1）6g，靛藍色（5）5g，紅色（6）3g

L 脖圍：靛藍色（5）2g，原色（1）、紅色（6）各 1g

針

4 支棒針 0 號、鉤針 3/0 號

其他

K 毛衣：按扣（直徑 6mm）4 顆、手縫線、縫針

完成尺寸

參照圖片

編織密度

K 毛衣：編織圖樣 38 針、37 段（10cm 平方）

L 脖圍：編織圖樣 31 針、40 段（10cm 平方）

織法要點＊單線編織

K 毛衣

1. 前後上身以手指掛線起針起 51 針，1 針鬆緊編後，依編織圖樣編織。將後領口的針目收針，將肩膀的針目休針。
2. 袖口起針起 16 針，1 針鬆緊編後，依編織圖樣編織。編至最終段時收針。
3. 上身正面相對並對齊，肩膀引拔接合。從前後領口挑針編織衣領。編織左後上身的貼邊。
4. 從袖下的 1 針內側挑針綴縫縫合。將袖子與上身的針和段對齊接合。
5. 背後開口處縫上按扣。

L 脖圍

手指掛線起針起 44 針，依編織圖樣環編編織。編至最終段時（第 13 段），一邊以 2 針併 1 針減針，一邊收針。

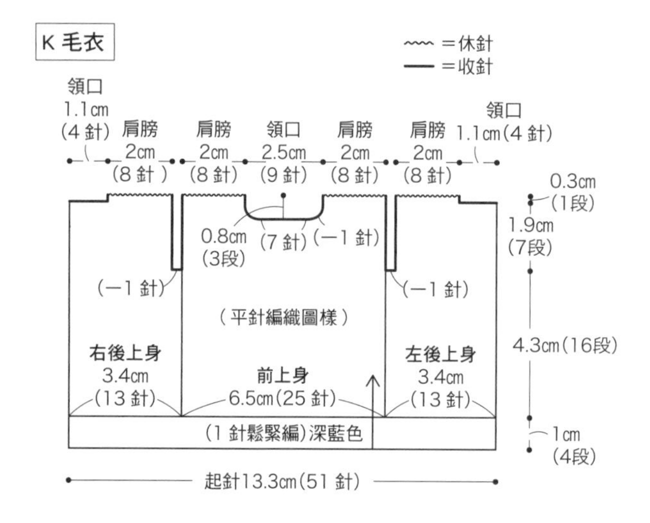

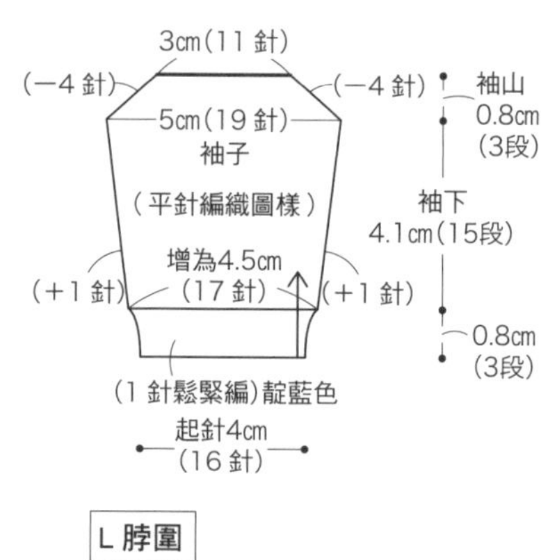

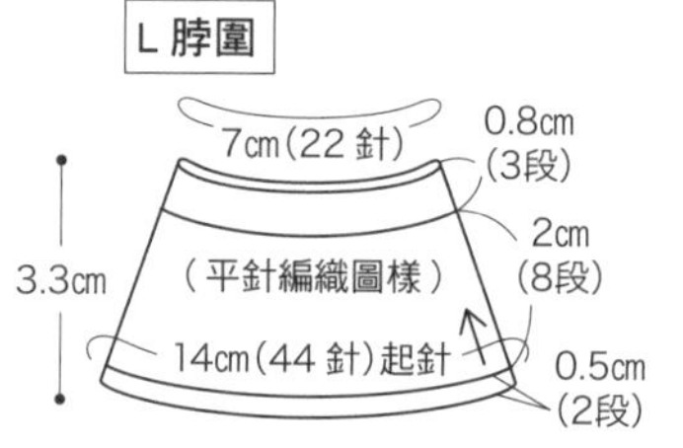

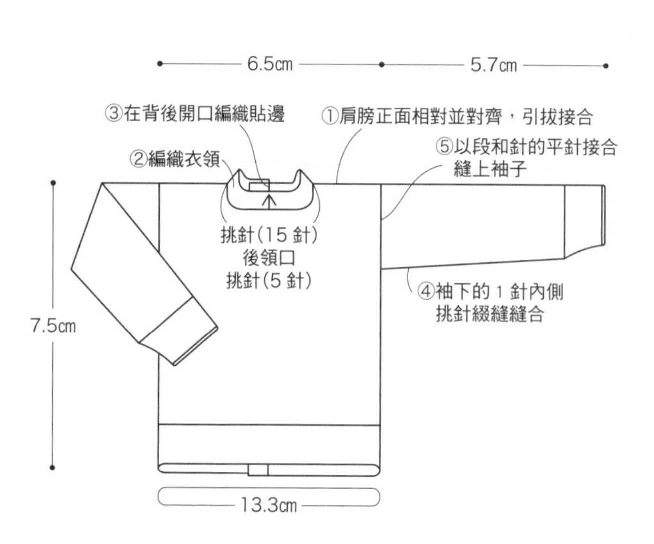

背後開口處的貼邊（靛藍色）

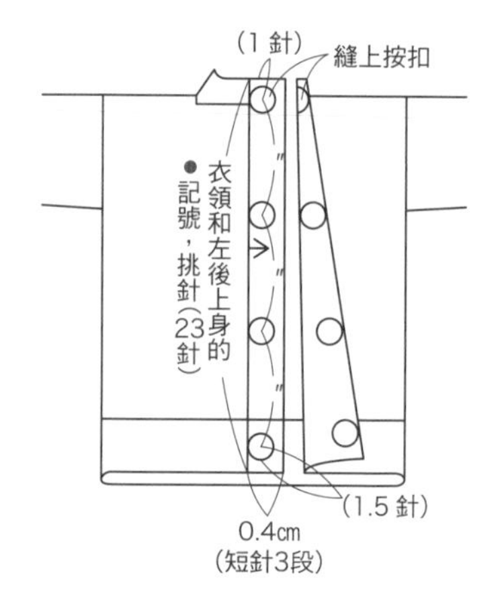

L 脖圍

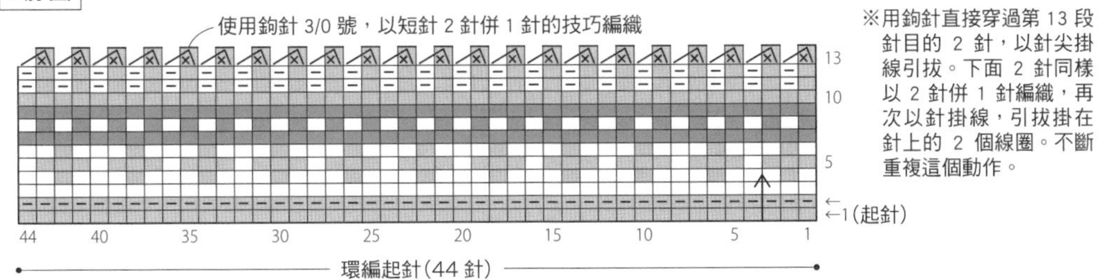

※用鉤針直接穿過第 13 段針目的 2 針，以針尖掛線引拔。下面 2 針同樣以 2 針併 1 針編織，再次以針掛線，引拔掛在針上的 2 個線圈。不斷重複這個動作。

K 毛衣

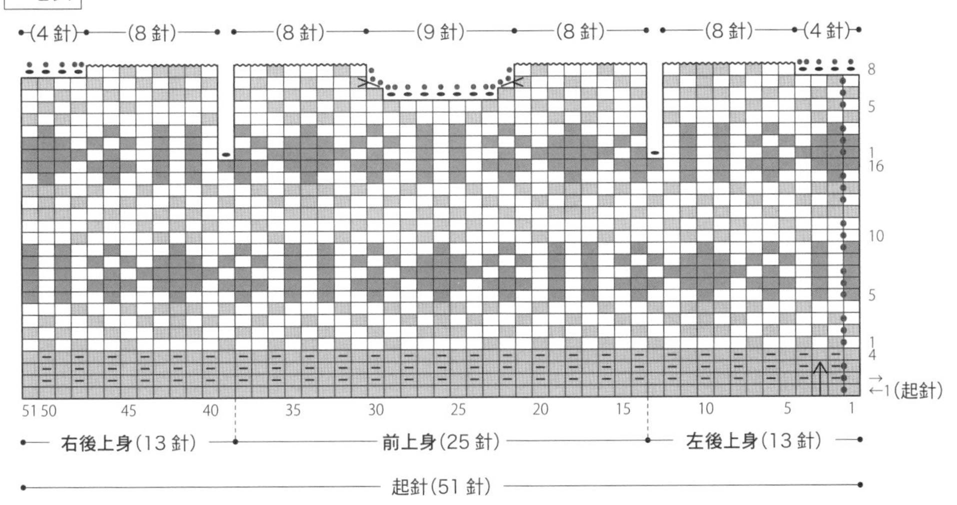

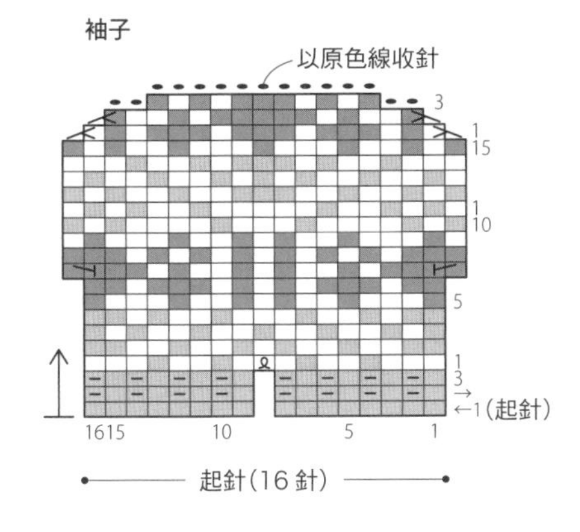

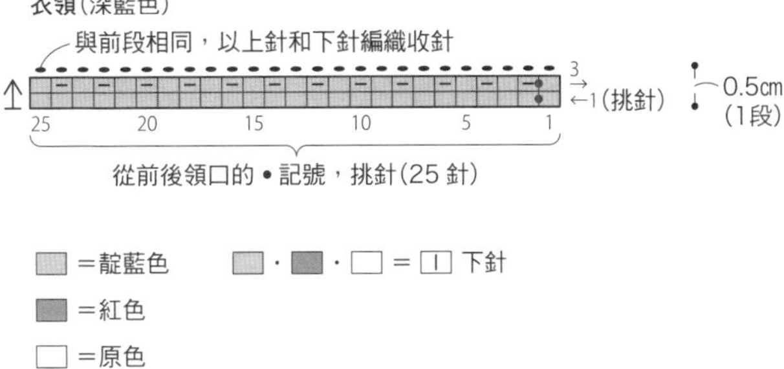

背後開口處貼邊（靛藍色） 鉤針 3/0 號

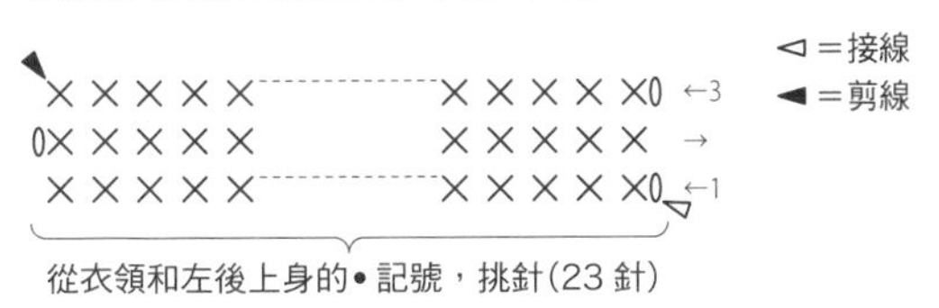

M 代爾斯布毛衣 Photo※p.11

線

DARUMA iroiro

紅色（37）5g，黑色（47）3g，

米白色（1）、幸運草綠（26）各 1g

針

4 支棒針 0 號、鉤針 3/0 號

其他

毛衣：按扣（直徑 6mm）4 顆、

手縫線、縫針

完成尺寸

參照圖片

編織密度

平針編織圖樣 35 針、40 段（10cm 平方）

織法要點＊單線編織

1. 前後上身以手指掛線起針起 33 針，依編織圖樣編織。將後領口的針目收針，將肩膀的針目休針。
2. 袖子起針起 13 針，依編織圖樣編織。編至最終段時先休針。
3. 上身正面相對並對齊，肩膀引拔接合，從前後領口挑針編織緣編。以鉤針編織背後開口處的貼邊。
4. 從袖下的 1 針內側挑針綴縫縫合。將袖子與上身的針和段對齊接合。
5. 添加刺繡，縫上鈕扣。

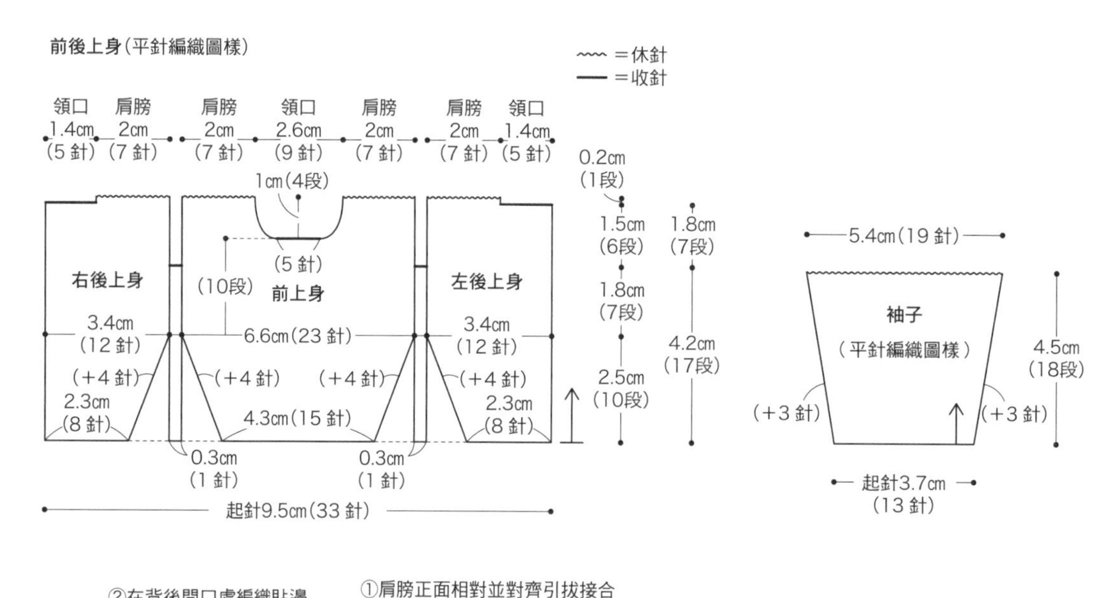

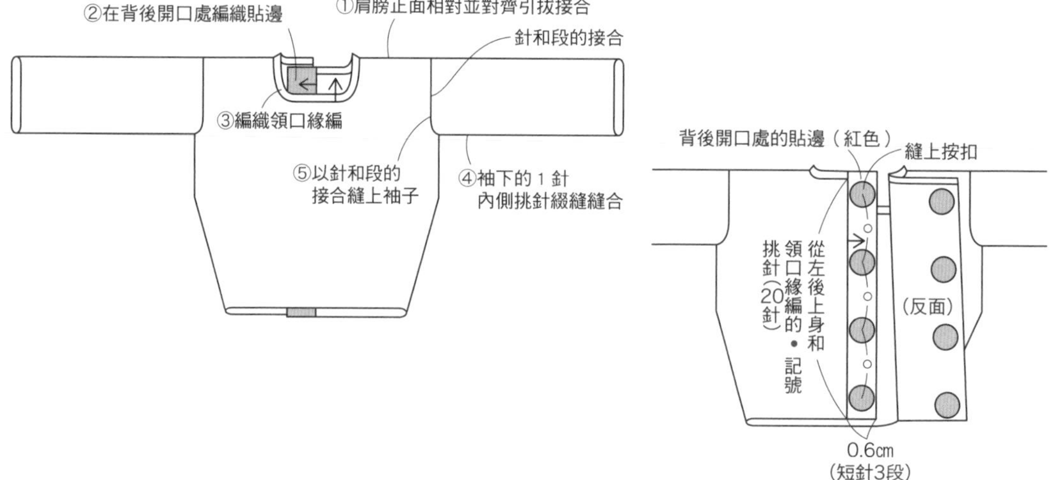

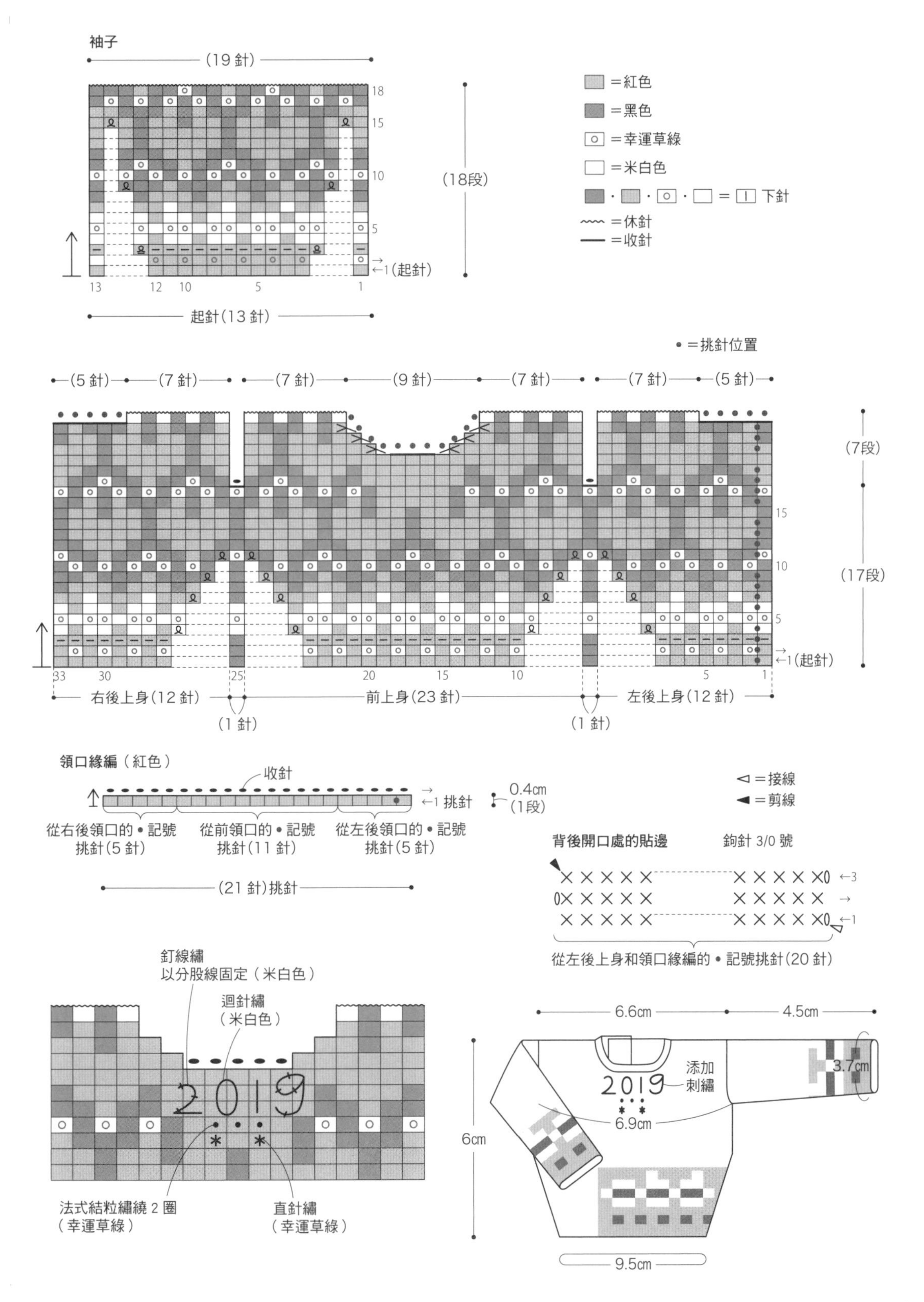

袖子
(19針)
18
15
10
5
→
←1(起針)
13
12
10
5
1
起針(13針)
(18段)
＝紅色
＝黑色
＝幸運草綠
＝米白色
＝ 下針
＝休針
＝收針
• ＝挑針位置
(5針)
(7針)
(7針)
(9針)
(7針)
(7針)
(5針)
(7段)
15
10
5
→
←1(起針)
(17段)
33
30
25
20
15
10
5
1
右後上身(12針)
前上身(23針)
左後上身(12針)
(1針)
(1針)
領口緣編（紅色）
收針
→
←1 挑針
0.4cm
(1段)
從右後領口的•記號
挑針(5針)
從前領口的•記號
挑針(11針)
從左後領口的•記號
挑針(5針)
(21針)挑針
◁＝接線
◀＝剪線
背後開口處的貼邊
鉤針 3/0 號
←3
→
←1
從左後上身和領口緣編的•記號挑針(20針)
釘線繡
以分股線固定（米白色）
迴針繡
（米白色）
2019
法式結粒繡繞 2 圈
（幸運草綠）
直針繡
（幸運草綠）
6.6cm
4.5cm
3.7cm
添加
刺繡
6.9cm
6cm
9.5cm

P 賽特斯達爾毛衣 Photo※p.14

線

Puppy British Fine

黑色（008）7g，白色（001）3g

針

串珠針 1.3mm 4 支、蕾絲針 4 號

其他

鈕扣（直徑 6mm）2 顆、

Tyrolean 織帶（寬 1.2cm）4cm、

手縫線、縫針

完成尺寸

參照圖片

編織密度

編織圖樣 54 針、62 段（10cm 平方）

織法要點＊單線編織

1. 前後上身以手指掛線起針起 71 針，請留意編織方向（不剪線編織），依編織圖樣編織。從袖口分別編織前後上身。領口、肩膀編至最終段時先休針。
2. 前後上身正面相對並對齊，肩膀引拔接合。從前後領口挑針編織衣領。
3. 從上身前後袖口挑針環編編織袖子，編至最終段時收針。
4. 左後上身以鎖針編織扣繩，縫上鈕扣。胸前縫上 Tyrolean 織帶。

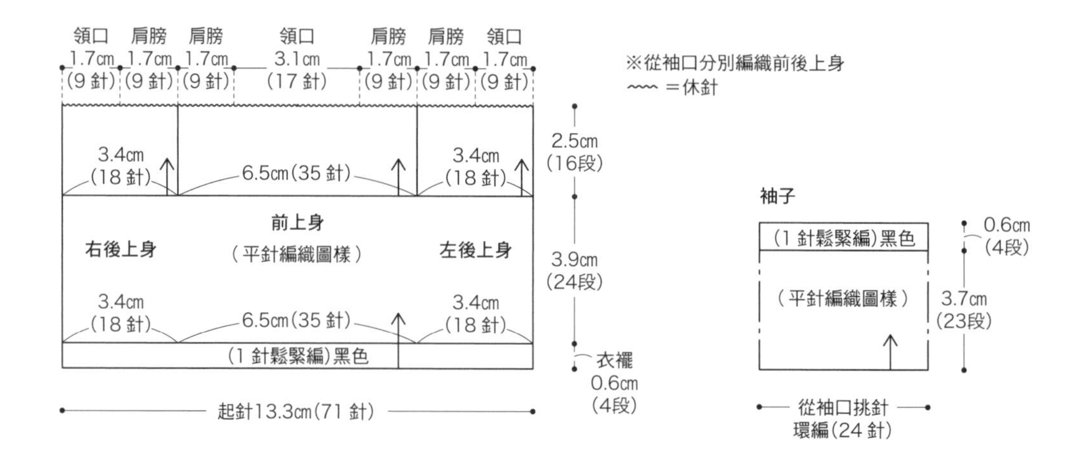

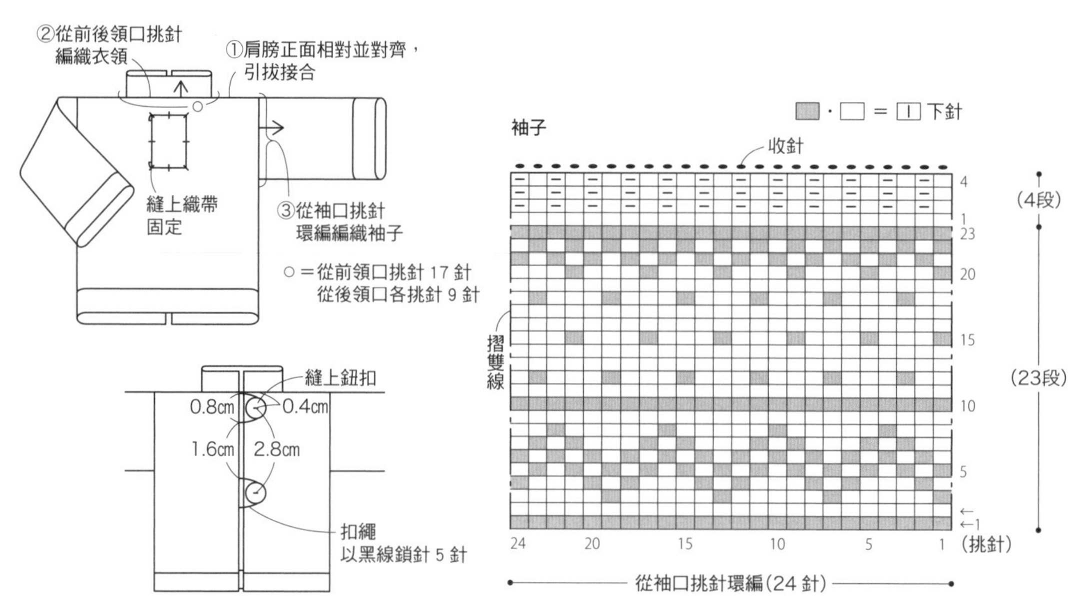

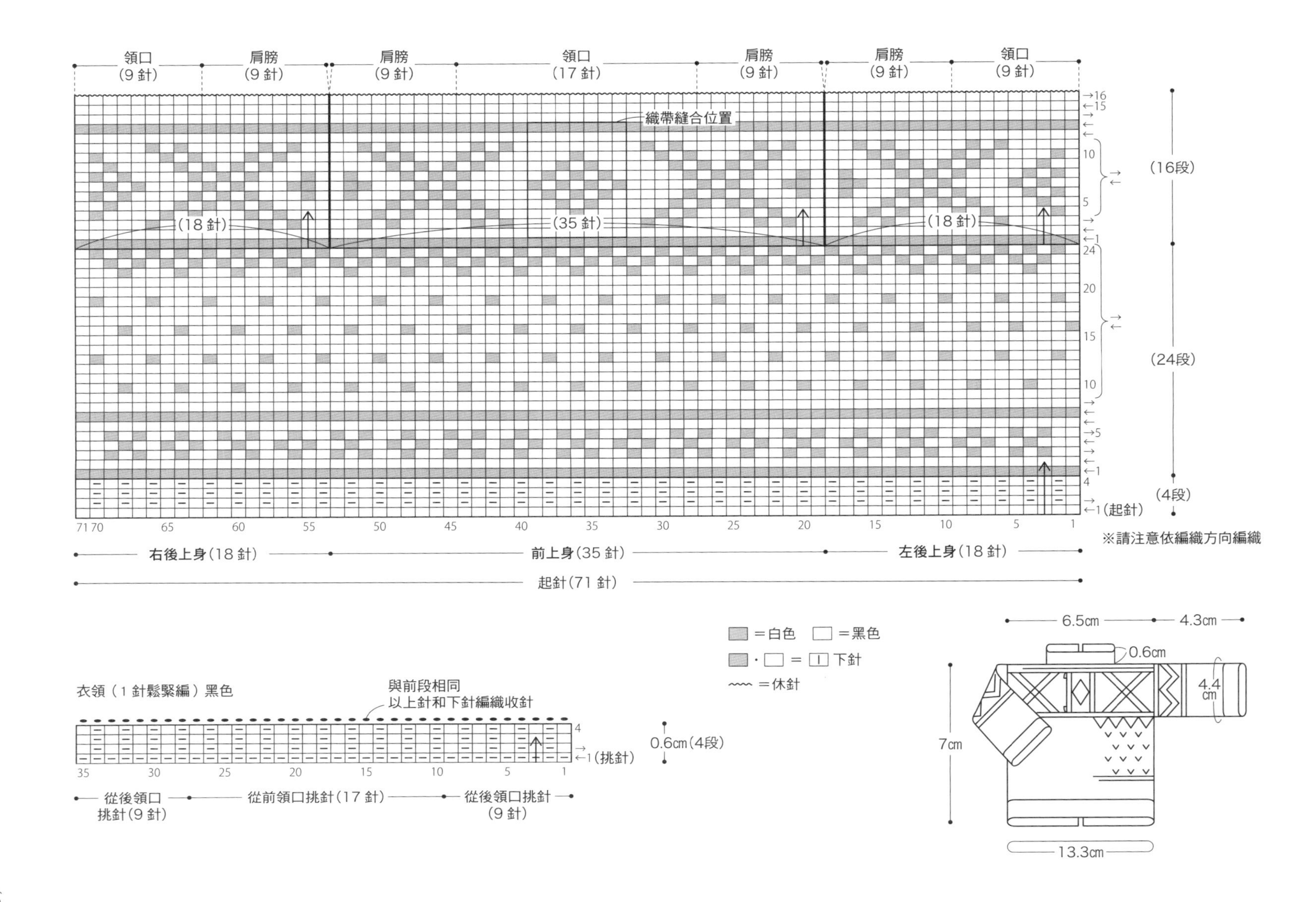

領口
(9針)
肩膀
(9針)
肩膀
(9針)
領口
(17針)
肩膀
(9針)
肩膀
(9針)
領口
(9針)
織帶縫合位置
(18針)
(35針)
(18針)
(16段)
(24段)
(4段)
(起針)
右後上身(18針)
前上身(35針)
左後上身(18針)
起針(71針)
※請注意依編織方向編織
= 白色
= 黑色
・ = 下針
= 休針
衣領(1針鬆緊編)黑色
與前段相同
以上針和下針編織收針
(挑針)
0.6cm(4段)
從後領口
挑針(9針)
從前領口挑針(17針)
從後領口挑針
(9針)
6.5cm
4.3cm
0.6cm
4.4cm
7cm
13.3cm

Q 賽爾布毛衣 Photo※p.15

線

Puppy British Fine

白色（001）5g，黑色（008）4g

針

串珠針 1.3mm 4 支、蕾絲針 4 號

其他

鈕扣（直徑 6mm）2 顆、手縫線、縫針

完成尺寸

參照圖片

編織密度

編織圖樣 58 針、56 段（10cm 平方）

織法要點＊單線編織

1. 前後上身以手指掛線起針起 69 針，依編織圖樣編織。從袖口分別編織前後上身。領口、肩膀編至最終段時先休針。
2. 前後上身正面相對並對齊，肩膀引拔接合。從前後領口挑針編織衣領。
3. 從前後袖口挑針環編編織袖子，編至最終段時收針。
4. 左後上身以鎖針編織扣繩，縫上鈕扣。

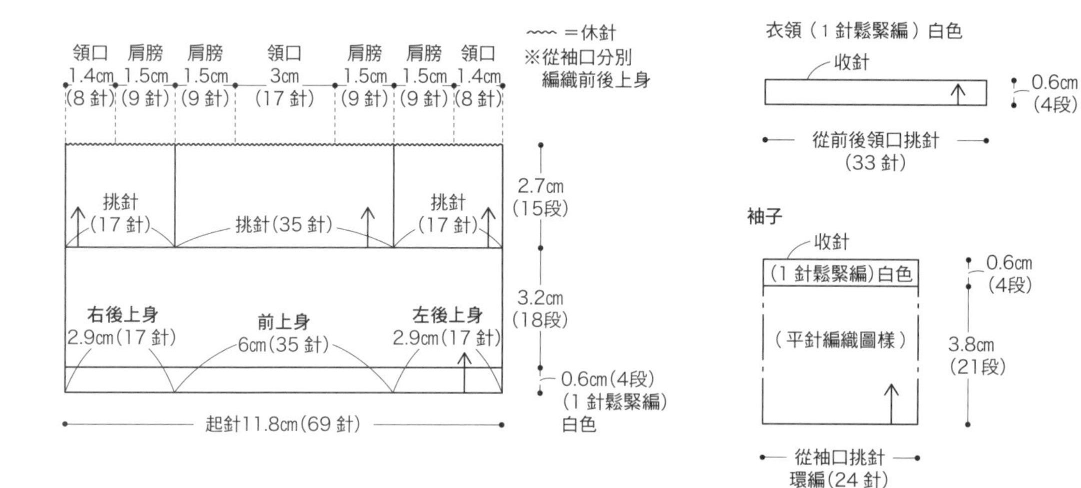

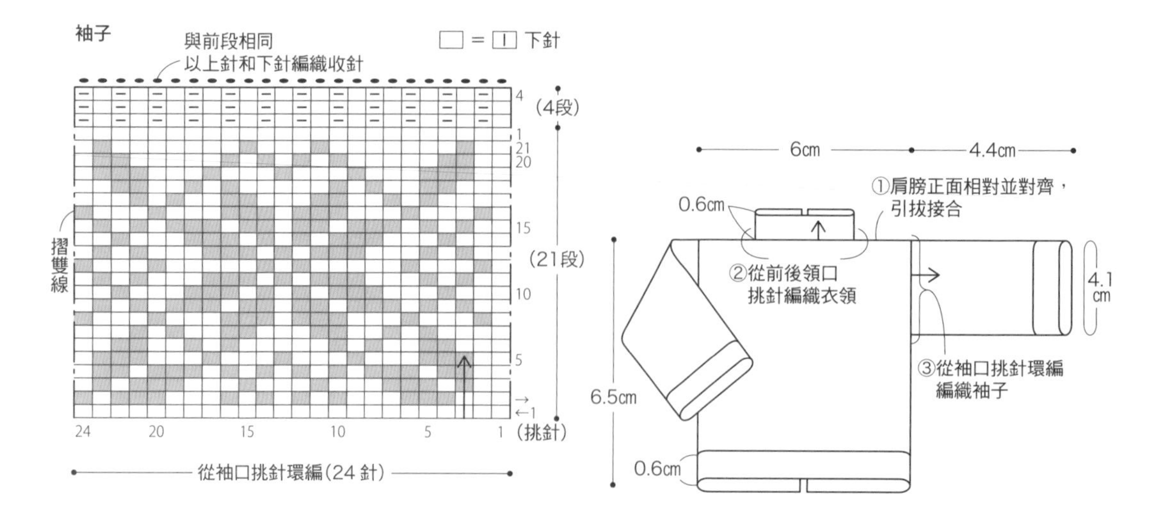

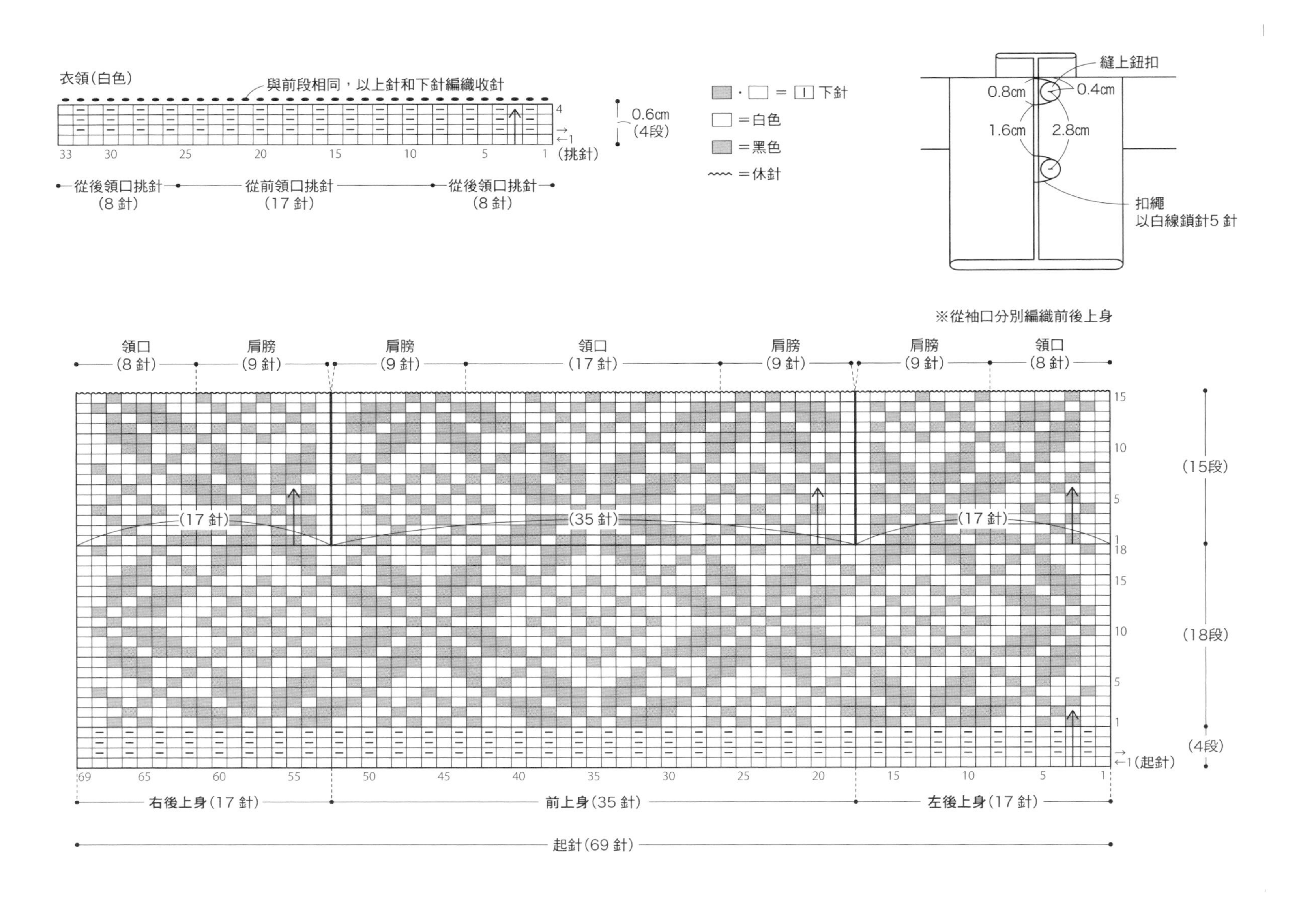

衣領(白色)
與前段相同，以上針和下針編織收針
(挑針)
從後領口挑針(8針)
從前領口挑針(17針)
從後領口挑針(8針)
0.6cm (4段)
= 下針
= 白色
= 黑色
= 休針
縫上鈕扣
0.8cm
0.4cm
1.6cm
2.8cm
扣繩
以白線鎖針5針
※從袖口分別編織前後上身
領口(8針)
肩膀(9針)
肩膀(9針)
領口(17針)
肩膀(9針)
肩膀(9針)
領口(8針)
(17針)
(35針)
(17針)
(15段)
(18段)
(4段)
(起針)
右後上身(17針)
前上身(35針)
左後上身(17針)
起針(69針)

R 考津外套 Photo※p.16

線

Puppy British Fine

茶色（022）5g，白色（001）4g，

米色（040）、深粉紅色（068）各 1g

針

4 支棒針 1.25mm、蕾絲針 0 號

其他

鈕扣（直徑 9mm）2 顆、手縫線、縫針

完成尺寸

參照圖片

編織密度

編織圖樣 38 針、44 段（10cm 平方）

起伏針 38 針、60 段（10cm 平方）

織法要點＊單線編織

1. 前後上身以手指掛線起針起 48 針。以 2 針鬆緊編編織衣襬，接著依編織圖樣編織上身。肩膀正面朝外對齊，引拔接合。
2. 從後上身挑針，以起伏針編織後領，編至最終段時收針。看著後領反面挑針 8 針，前領以起伏針編織 22 段。從前端挑針編織門襟。
3. 袖子起針，從袖口繼續依編織圖樣編織 22 段，編至最終段時先休針。
4. 前領與前上身綴縫於門襟。袖口對齊袖山，以針和段的接合接縫袖子。從袖下的 1 針內側挑針綴縫縫合，再縫上鈕扣。

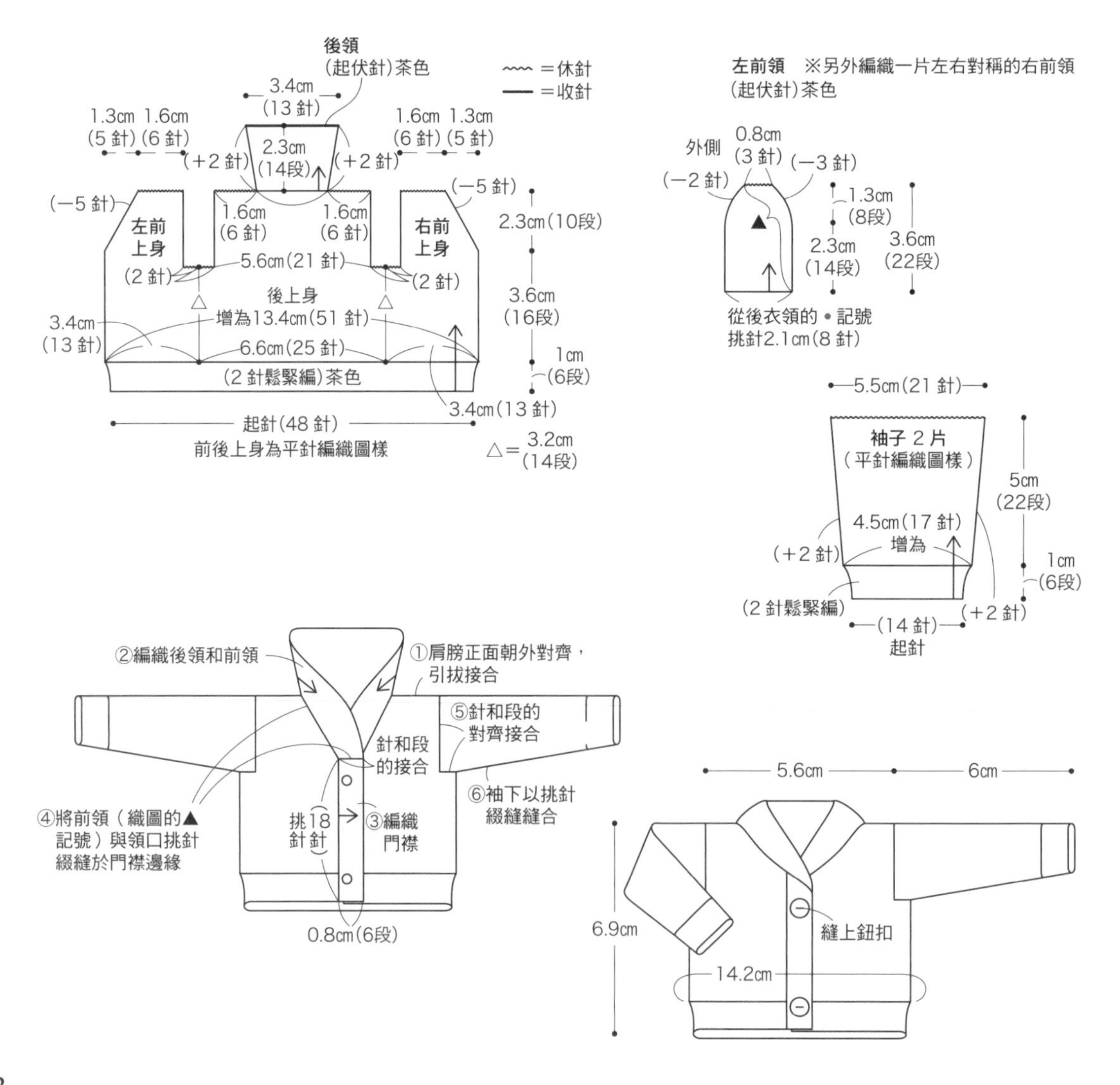

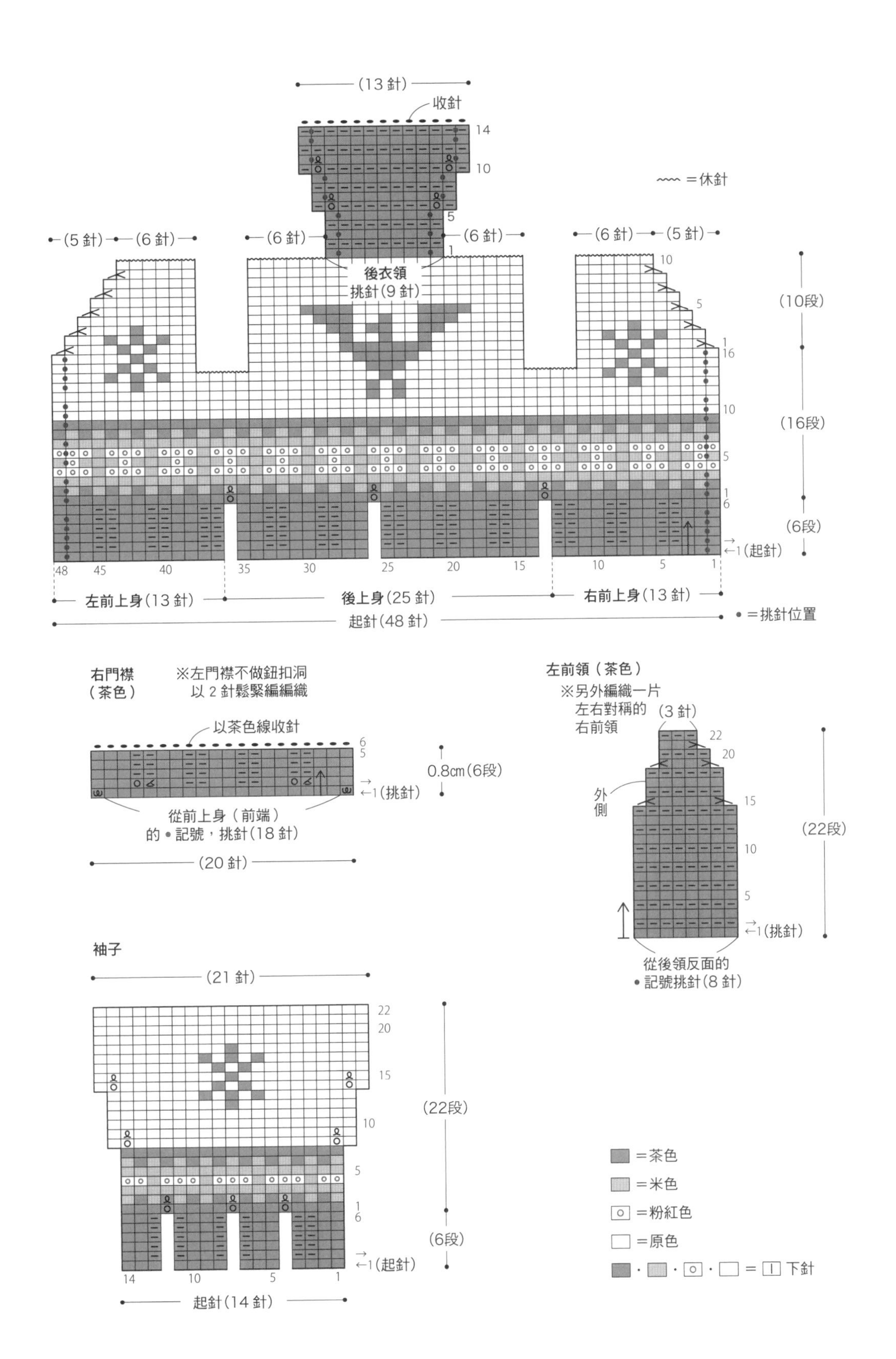

(13針)
收針
14
10
5
1
～～ ＝休針
(5針)
(6針)
(6針)
(6針)
(6針)
(5針)
後衣領
挑針(9針)
10
5
1
16
10
5
1
6
←1(起針)
(10段)
(16段)
(6段)
48 45 40 35 30 25 20 15 10 5 1
左前上身(13針)
後上身(25針)
右前上身(13針)
起針(48針)
●＝挑針位置
右門襟
(茶色)
※左門襟不做鈕扣洞
以2針鬆緊編編織
以茶色線收針
6
5
←1(挑針)
0.8cm(6段)
從前上身(前端)
的●記號，挑針(18針)
(20針)
左前領(茶色)
※另外編織一片
左右對稱的
右前領
(3針)
22
20
15
10
5
←1(挑針)
外側
(22段)
從後領反面的
●記號挑針(8針)
袖子
(21針)
22
20
15
10
5
1
6
←1(起針)
(22段)
(6段)
14 10 5 1
起針(14針)
＝茶色
＝米色
＝粉紅色
＝原色
＝下針

S 考津背心 Photo※p.17

線

Puppy British Fine

炭灰色（012）4g，淺灰色（010）2g，

藍色（062）、水藍色（064）各 1g

針

4 支棒針 1.25mm、蕾絲針 0 號

其他

鈕扣（直徑 8mm）3 顆、手縫線、縫針

完成尺寸

參照圖片

編織密度

平針編織圖樣 38 針、44 段（10cm 平方）

起伏針 38 針、60 段（10cm 平方）

織法要點＊單線編織

1. 前後上身以手指掛線起針起 49 針，以起伏針編織衣襬，依編織圖樣編至肩頭。肩膀正面朝外對齊，引拔接合。
2. 從後上身挑針 9 針，以起伏針編織後領，編至最終段時收針。看著後領反面挑針 8 針，以起伏針編織 20 段編織前領。從前端挑針編織門襟。
3. 前領與前上身綴縫於門襟。從袖口挑針環編，編織緣編。縫上鈕扣。

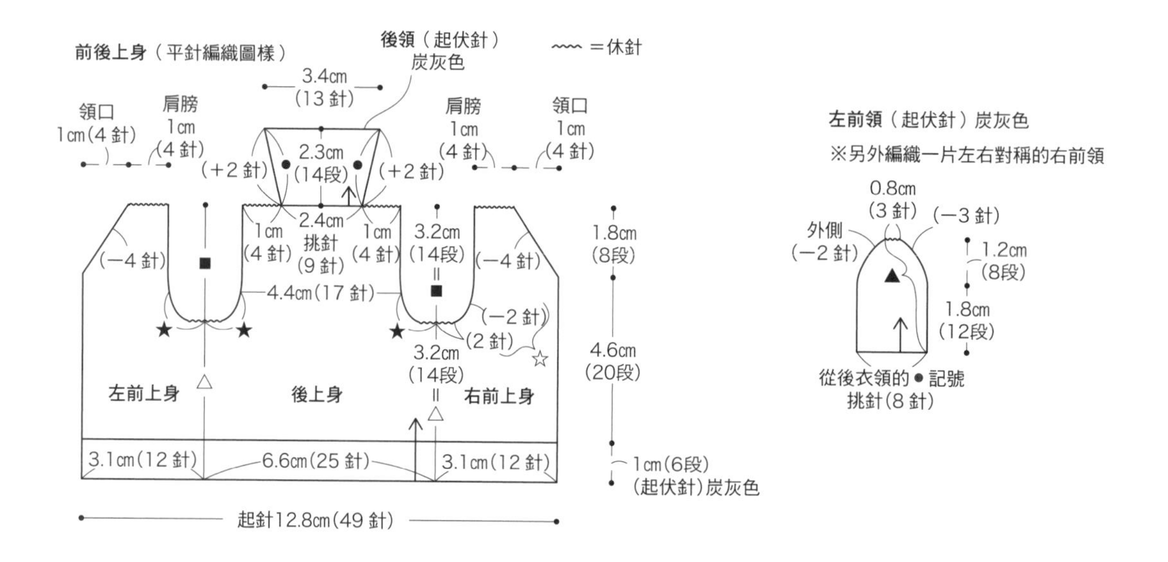

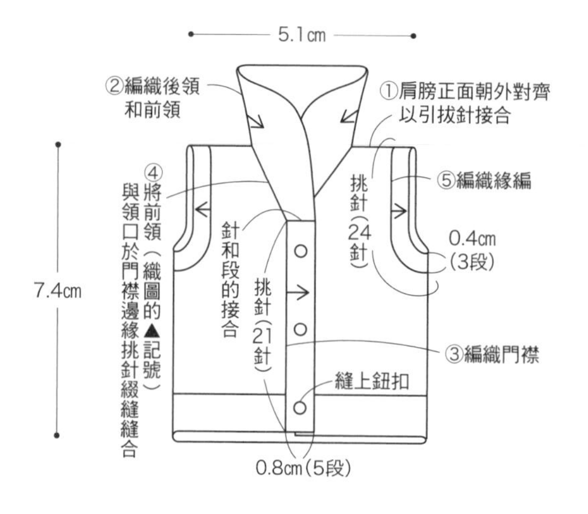

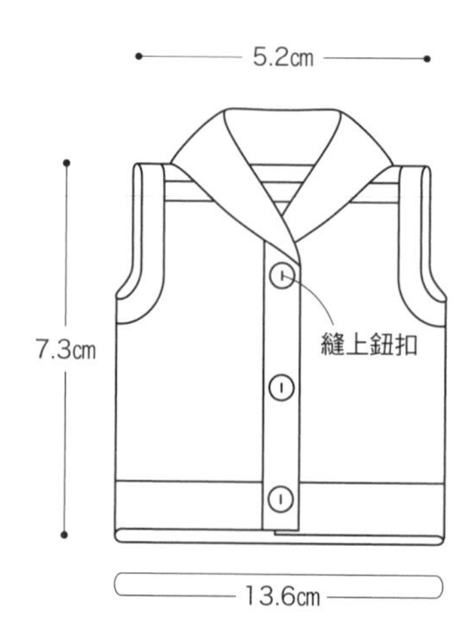

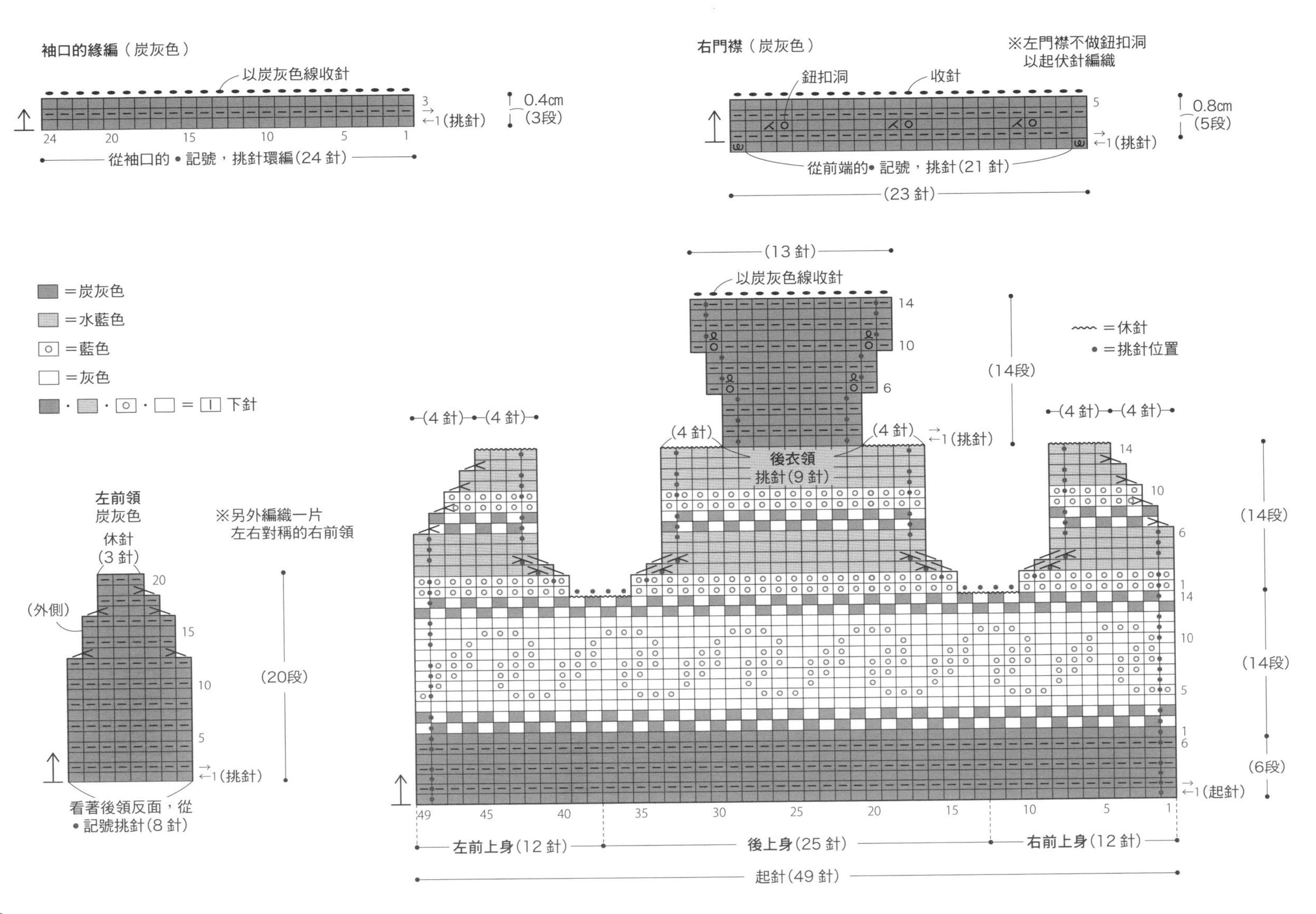

袖口的緣編（炭灰色）
以炭灰色線收針
←1(挑針)
0.4cm
(3段)
從袖口的●記號，挑針環編(24針)
右門襟（炭灰色）
※左門襟不做鈕扣洞
以起伏針編織
鈕扣洞
收針
←1(挑針)
0.8cm
(5段)
從前端的●記號，挑針(21針)
(23針)
=炭灰色
=水藍色
=藍色
=灰色
=下針
(13針)
以炭灰色線收針
(14段)
〰=休針
●=挑針位置
(4針)
(4針)
後衣領
挑針(9針)
←1(挑針)
(4針)
(4針)
(4針)
(4針)
左前領
炭灰色
休針
(3針)
(外側)
※另外編織一片
左右對稱的右前領
(20段)
←1(挑針)
看著後領反面，從
●記號挑針(8針)
(14段)
(14段)
(6段)
←1(起針)
左前上身(12針)
後上身(25針)
右前上身(12針)
起針(49針)

T 北歐風長版上衣 Photo※p.18

線

Puppy British Fine

米色（040）10g，綠色（055）3g

針

串珠針 1.3mm 4 支、蕾絲針 4 號

完成尺寸

參照圖片

編織密度

平針編織、平針編織圖樣

40 針、55 段（10cm 平方）

織法要點＊單線編織

1. 前後上身以手指掛線起針起 44 針，以 2 針鬆緊編編織。接著環編編織 12 段平面編織至口袋，a、b 部件分別以往返針編織 8 段。接著一邊編織圖樣，一邊環編編織 10 段至袖口，從袖口分別以往返編，編織前後上身。領口和肩斜度以引返針編織，編至最終段時先休針。
2. 袋口編織 1 針鬆緊編。兩側挑針綴縫於上身縫合。
3. 肩膀正面相對並對齊，一邊消段，一邊引拔接合。衣領從前後領口挑針環編，編織 1 針鬆緊編。袖子從前後袖口挑針環編，編織 1 針鬆緊編。

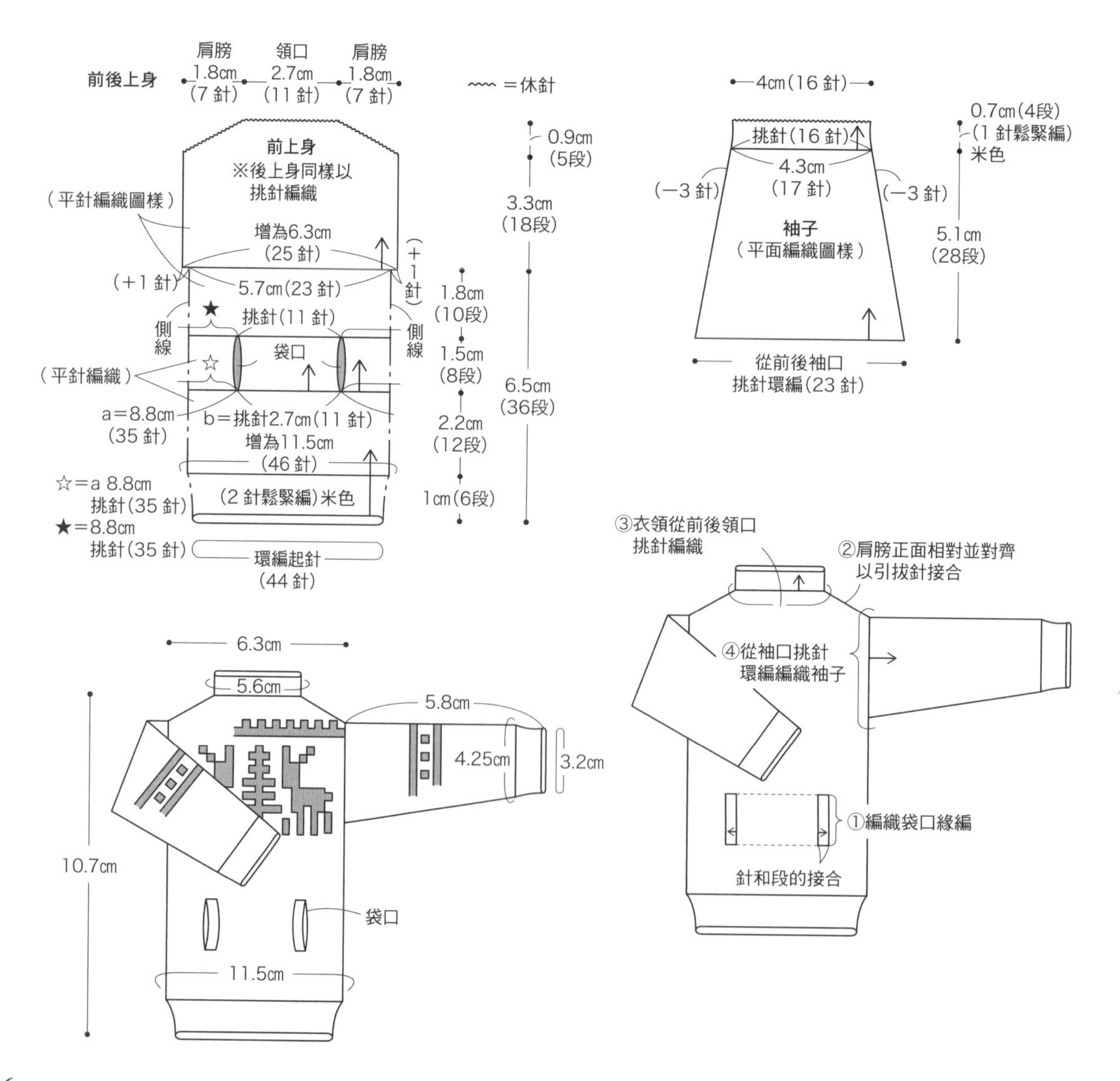

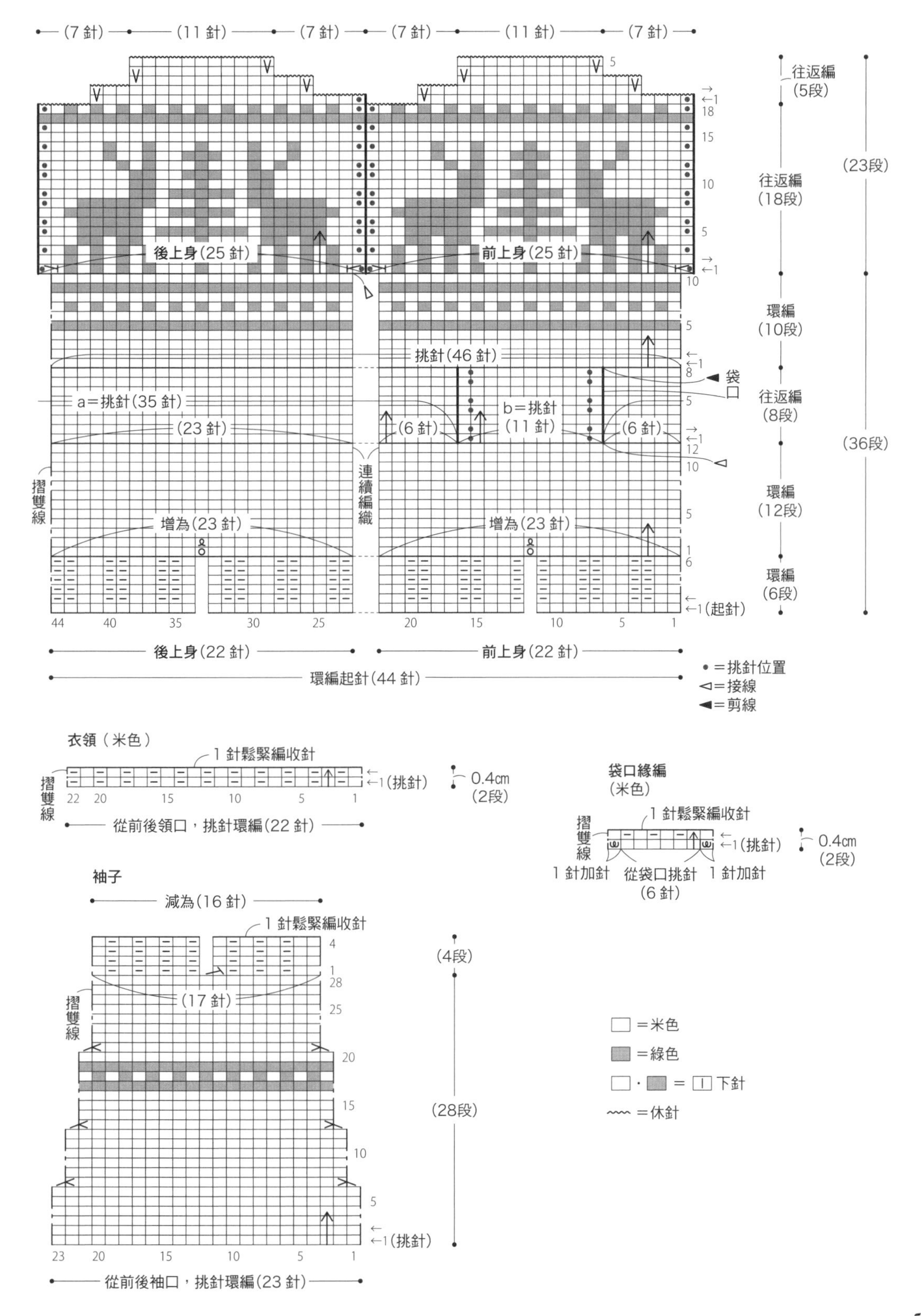
(7針)
(11針)
(7針)
(7針)
(11針)
(7針)
往返編
(5段)
往返編
(18段)
(23段)
後上身(25針)
前上身(25針)
環編
(10段)
挑針(46針)
袋口
往返編
(8段)
a=挑針(35針)
b=挑針
(11針)
(23針)
(6針)
(6針)
(36段)
摺雙線
連續編織
環編
(12段)
增為(23針)
增為(23針)
環編
(6段)
1(起針)
後上身(22針)
前上身(22針)
環編起針(44針)
•=挑針位置
◁=接線
◀=剪線
衣領(米色)
1針鬆緊編收針
1(挑針)
0.4cm
(2段)
從前後領口，挑針環編(22針)
袋口緣編
(米色)
1針鬆緊編收針
1(挑針)
0.4cm
(2段)
1針加針
從袋口挑針
(6針)
1針加針
袖子
減為(16針)
1針鬆緊編收針
(4段)
(17針)
(28段)
1(挑針)
從前後袖口，挑針環編(23針)
=米色
=綠色
= 下針
=休針

V 薩米斗篷 Photo※p.19

線

Puppy British Fine

深藍色（003）、白色（001）、紅色（013）各 1.5g

針

4 支棒針 1.3mm、蕾絲針 4 號

其他

鈕扣（直徑 4mm）1 顆、手縫線、縫針

完成尺寸

參照圖片

編織密度

編織圖樣 40 針、55 段（10cm 平方）

織法要點＊單線編織

主體以手指掛線起針起 49 針，編織 2 段 1 針鬆緊編，編織編織圖樣。領口編織 2 段 1 針鬆緊編，1 針鬆緊編收針。從前端挑針以短針編織 1 段緣編。編織扣繩，縫上鈕扣。

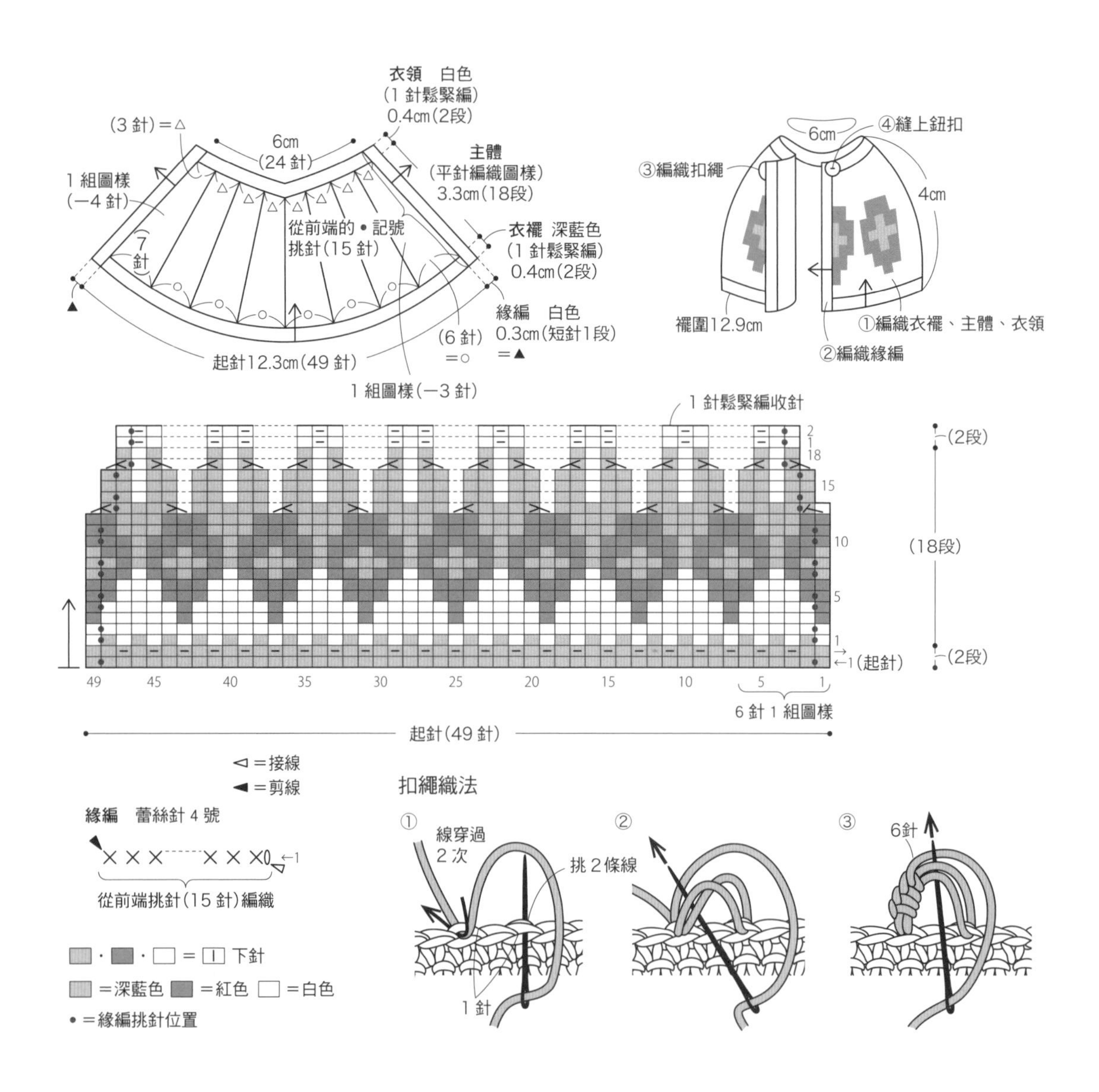

X 祕魯毛帽 Photo※p.20

線

DARUMA iroiro

蘑菇色（2）1.5g，孔雀藍（16）、

檸檬黃（31）、紅色（37）各 1g

針

4 支棒針 1 號、2 號

其他

毛線針（刺繡用）

完成尺寸

參照圖片

編織密度

編織圖樣 36 針、36 段（10cm 平方）

織法要點＊單線編織

1. 主體以手指掛線環編起針起 42 針，編織 3 段 1 針鬆緊編。從第 4 段依編織圖樣編織。編至最終段時，間隔 1 針，穿線 2 圈收緊。遮耳從指定位置挑針 8 針編織平針編織，編至最終段時收針。
2. 帽口和遮耳周圍，以毛邊繡收邊。遮耳尖端裝飾上辮繩，帽頂裝飾上絨球。

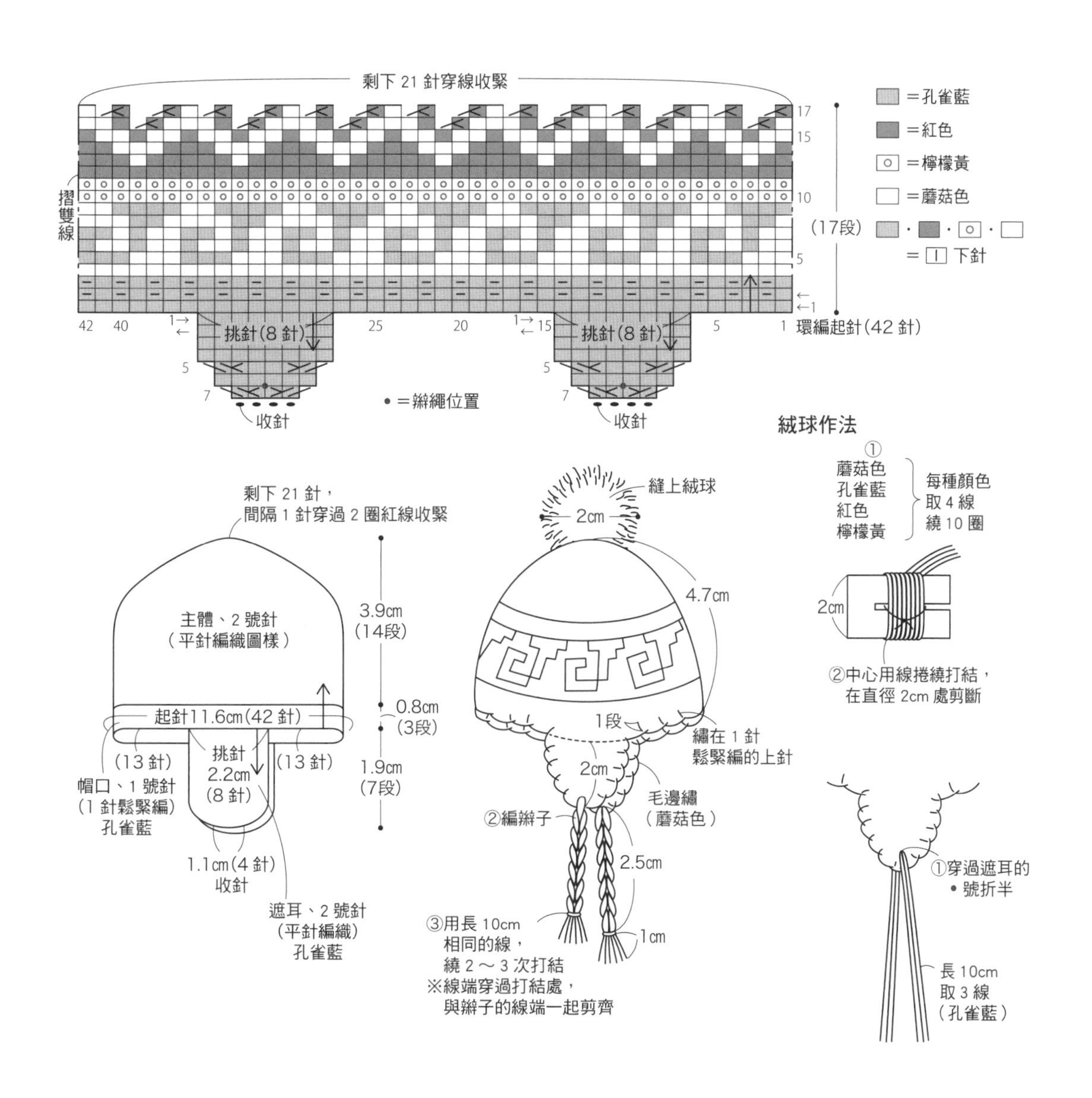

W 席德蘭蕾絲披肩 Photo※p.20

線

Puppy New 3PLY

原色（302）8g

針

4 支棒針 0 號

完成尺寸

參照圖片

編織密度

起伏針 32.5 針、62 段（10cm 平方）

圖樣編織 31 針、46 段（10cm 平方）

織法要點＊單線編織

1. 中央主體以手指掛線起針 3 針。從編織起點一邊掛針 1 針加針，一邊以起伏針編織至 39 段。從 40 段起到 77 段，從編織起點一邊掛針 1 針、左上 3 針併 1 針減針，一邊以起伏針編織。
2. 邊緣的圖樣編織，從當作第 1 段的第 77 段開始繼續編織，一邊從掛針挑針，一邊沿 a 邊～d 邊，編織一圈至 2 針前側。從剩下未編的 2 針，進入第 2 段（參考記號圖示）。沿記號圖示，編織 14 段，編至最終段時從反面收針。

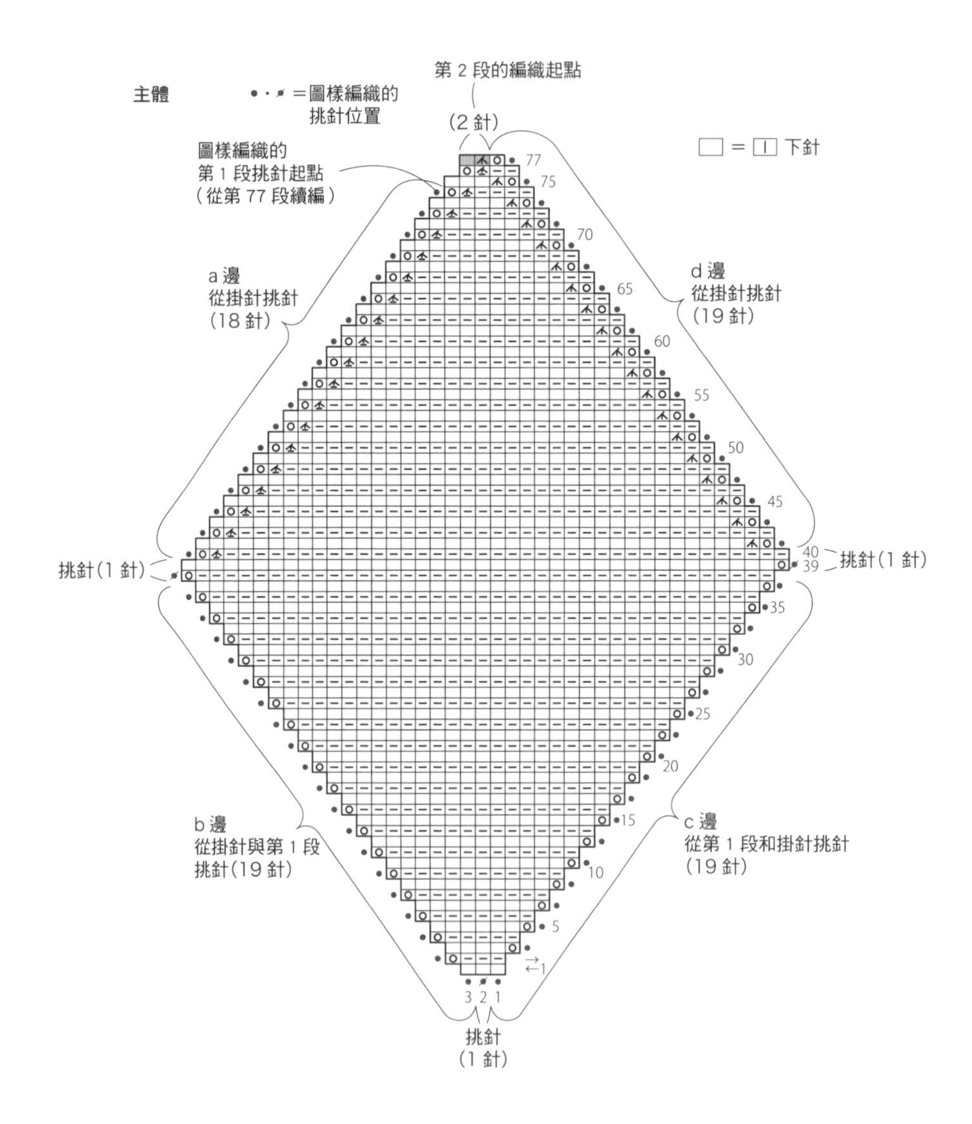

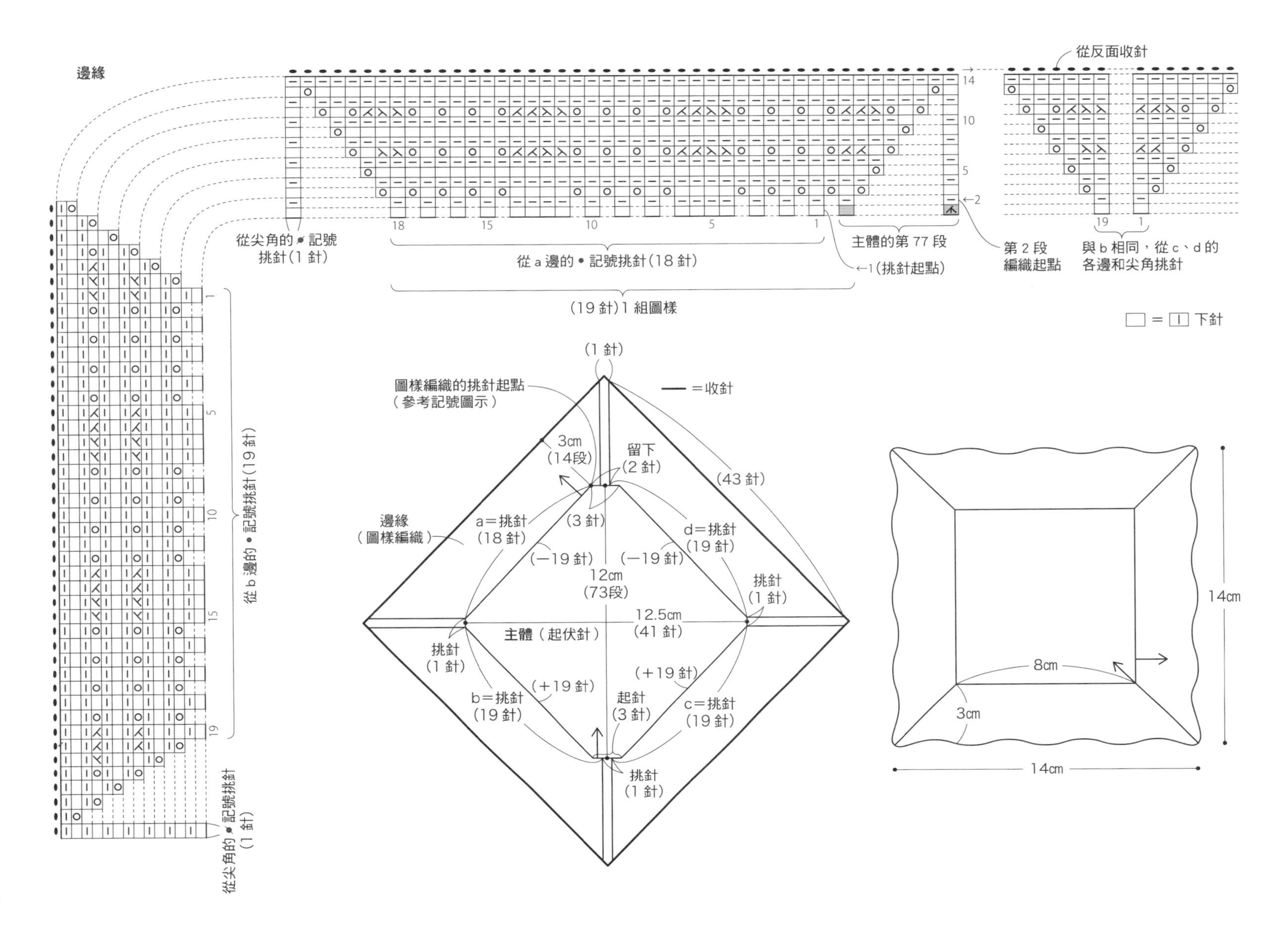
邊緣
從反面收針
從尖角的●記號
挑針（1針）
從a邊的●記號挑針（18針）
主體的第77段
←1（挑針起點）
（19針）1組圖樣
第2段
編織起點
與b相同，從c、d的
各邊和尖角挑針
□＝□ 下針
從b邊的●記號挑針（19針）
從尖角的●記號挑針
（1針）
（1針）
圖樣編織的挑針起點
（參考記號圖示）
━ ＝收針
3cm
（14段）
留下
（2針）
（43針）
邊緣
（圖樣編織）
a＝挑針
（18針）
（3針）
d＝挑針
（19針）
（−19針）
（−19針）
12cm
（73段）
挑針
（1針）
12.5cm
（41針）
主體（起伏針）
挑針
（1針）
（+19針）
（+19針）
b＝挑針
（19針）
起針
（3針）
c＝挑針
（19針）
挑針
（1針）
14cm
8cm
3cm
14cm

編織符號&織法

棒針編織

手指掛線起針

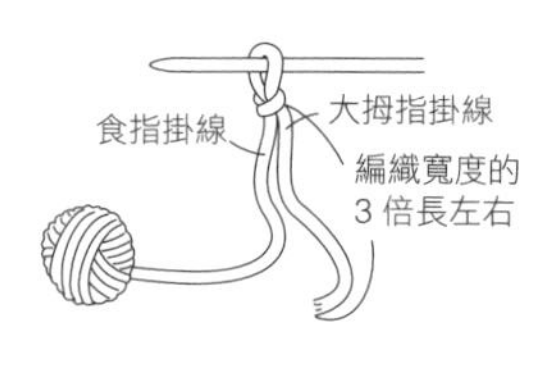

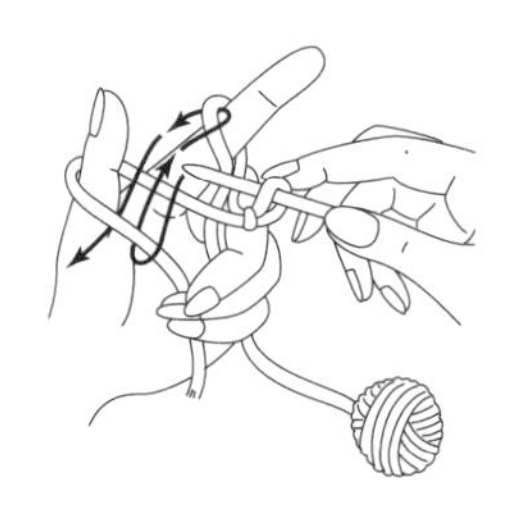

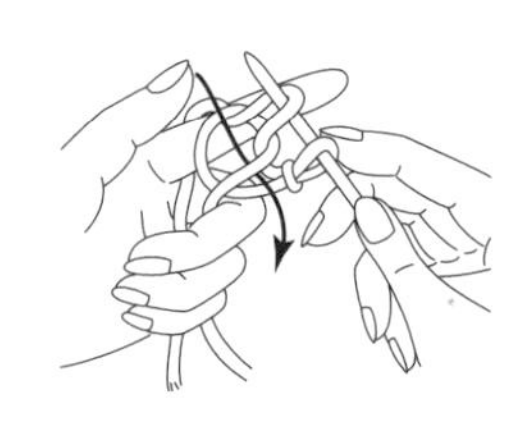

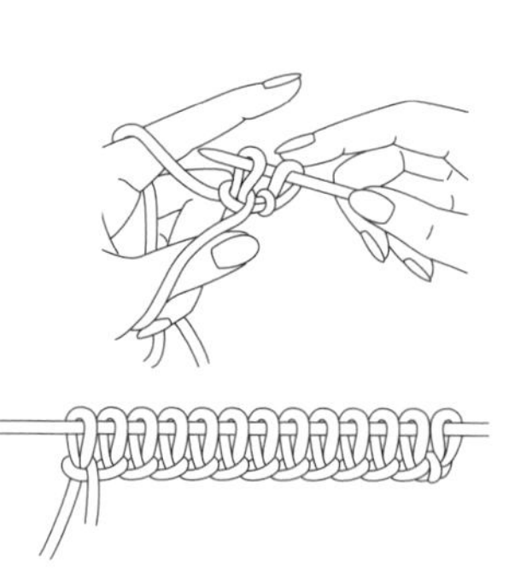

下針 ｜

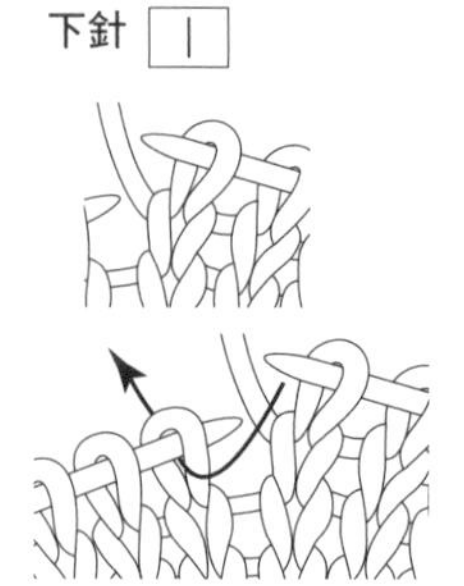

上針 —

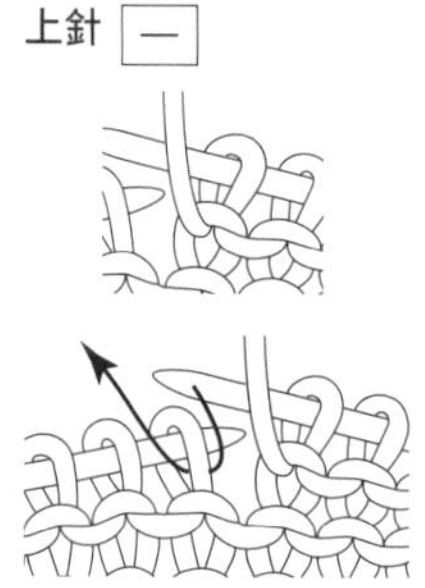

掛針 ○

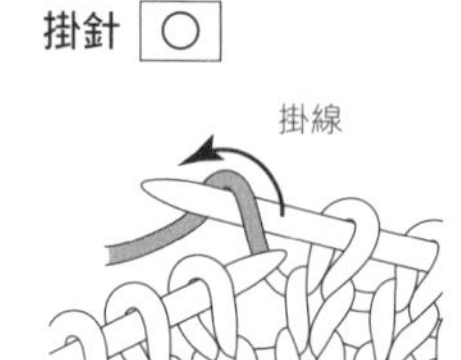

扭針

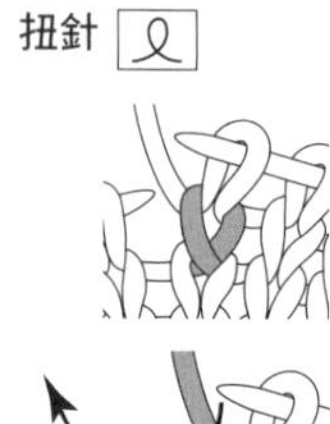

扭加針

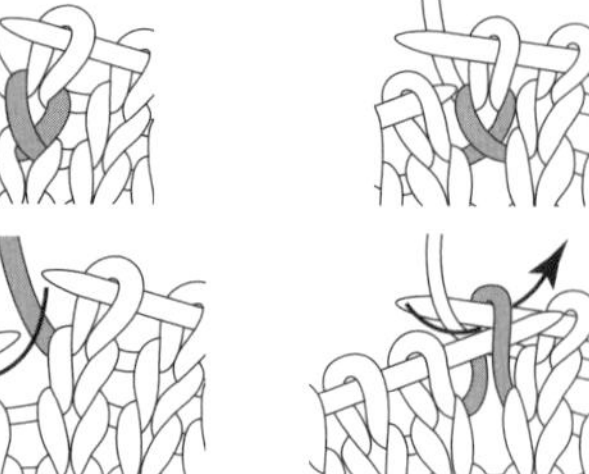

右上2針併1針

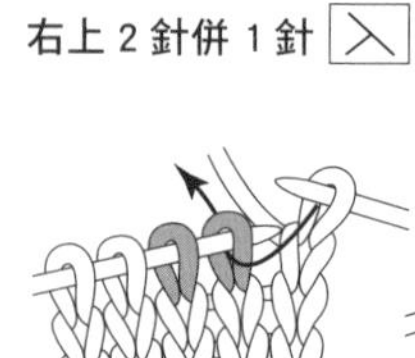

不織移向右針

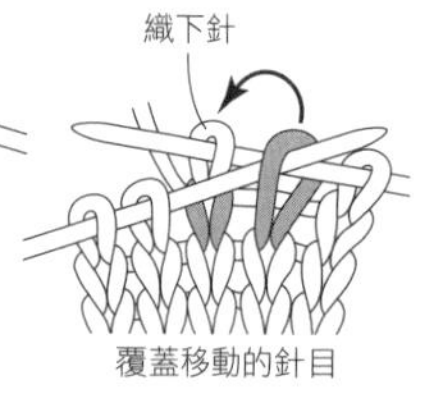

覆蓋移動的針目

左上2針併1針

※ 為3針併成1針

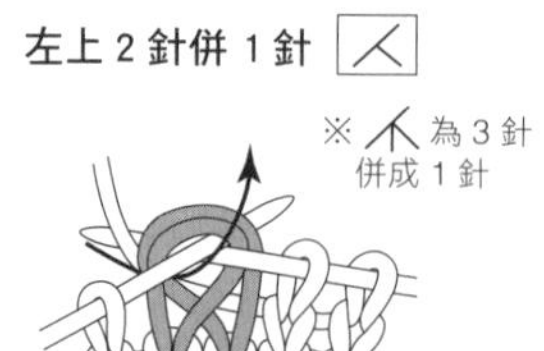

2針併1針編織

滑針

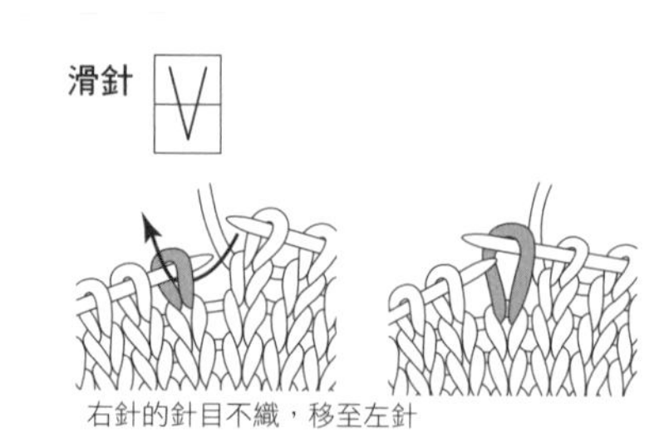

右針的針目不織，移至左針

收針

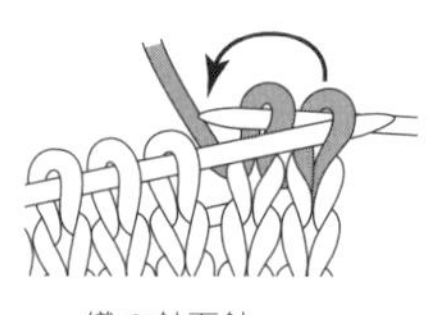

織2針下針，
覆蓋第1針

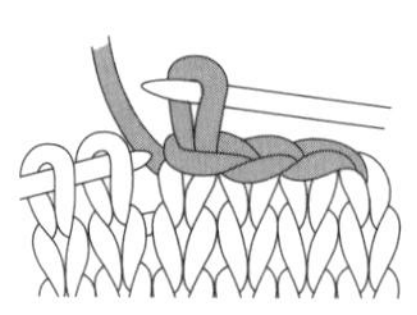

接著再織1針，覆蓋
右針針目

右上2針和1針（上針）的交叉

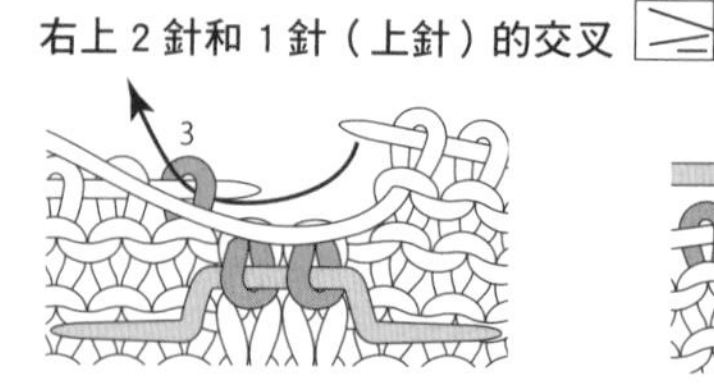

將2針移至麻花針上，放在前側，織上針

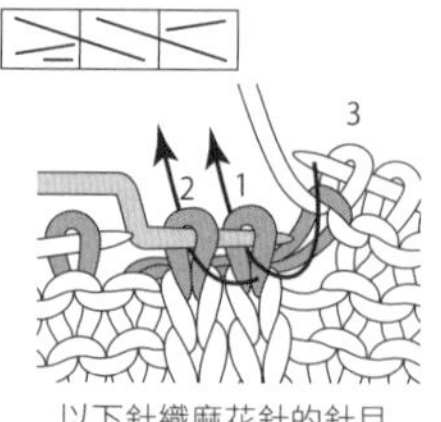

以下針織麻花針的針目

左上2針和1針（上針）的交叉

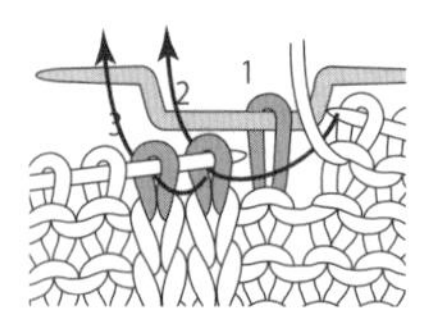

將1針移至麻花針上，
放在後側，織2針下針

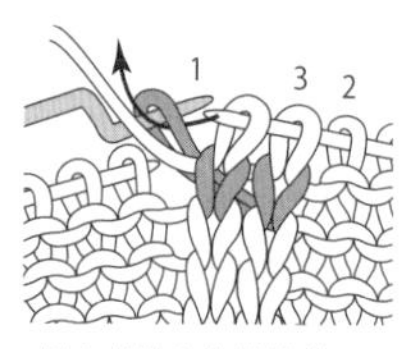

以上針織麻花針的針目

左上2針交叉

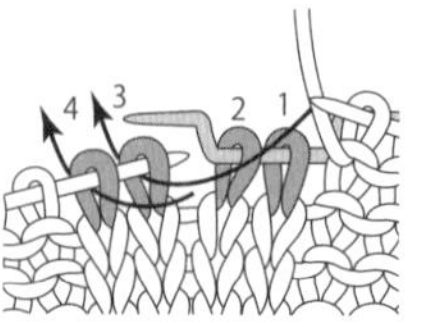

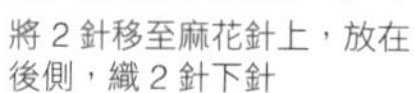

將2針移至麻花針上，放在
後側，織2針下針

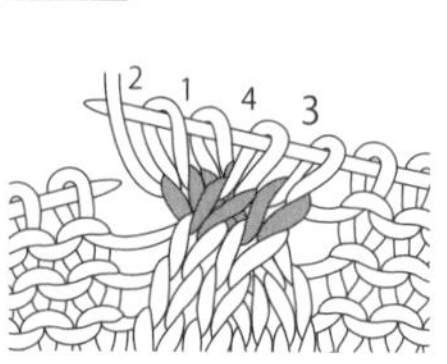

織麻花針的針目

平針接合

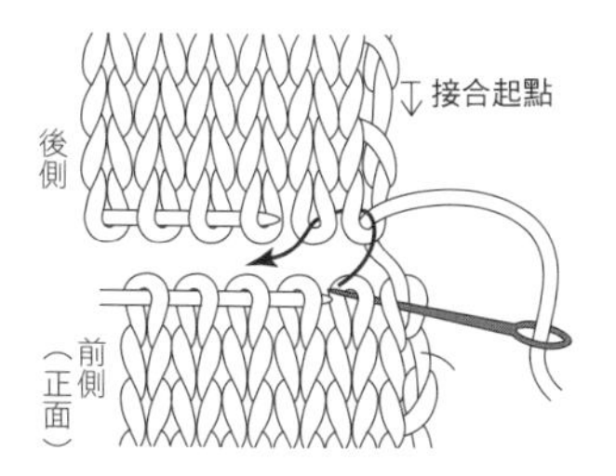

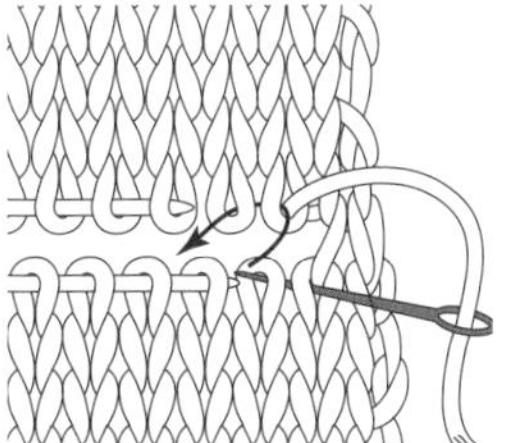

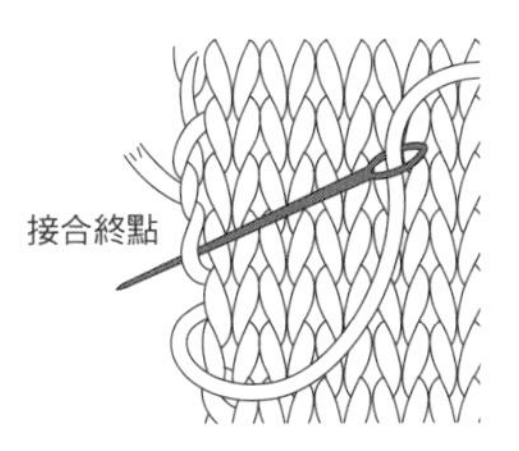

針和段的接合

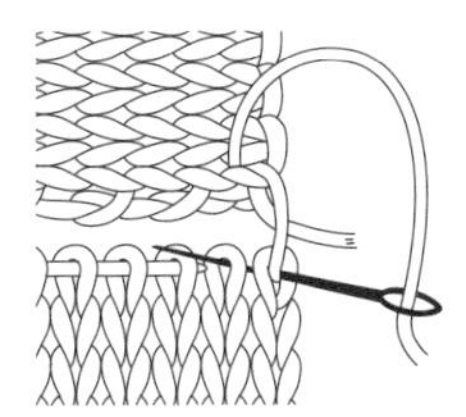

引拔接合

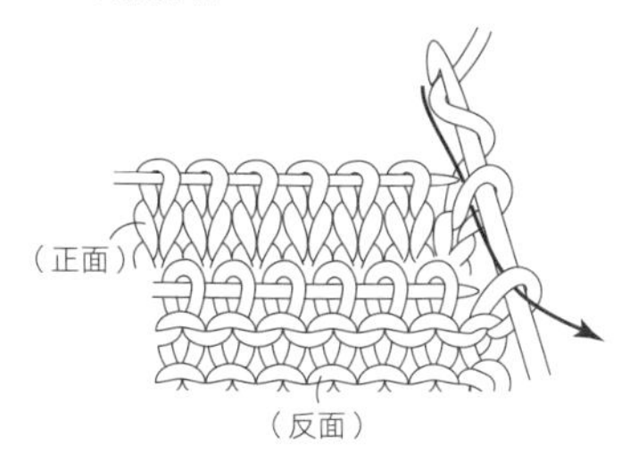

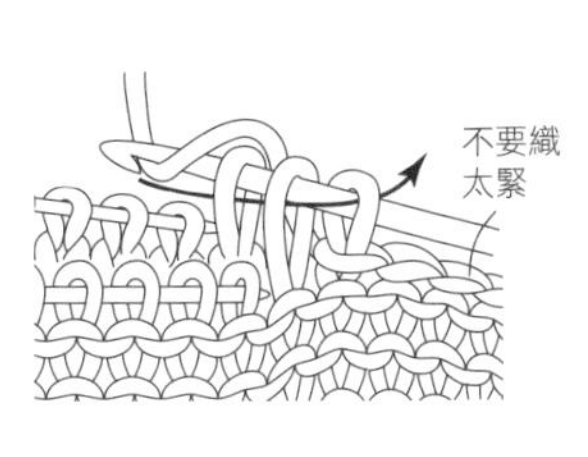

挑針綴縫

交互挑縫1針內側的沉降弧

挑起 2 條線

縱向渡線織法

第 1 段

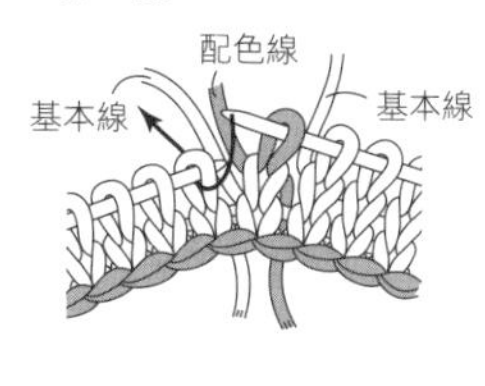

第 2 段（反面）

改變位置時，
會使線交錯

第 3 段（正面）

編織正面時，
同樣使反面的線交錯

1 針鬆緊編收針（環編）

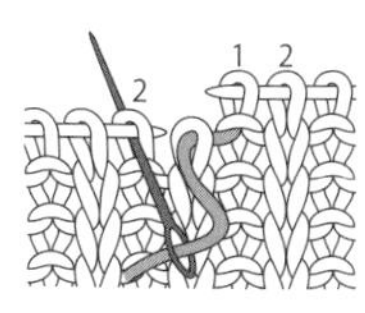

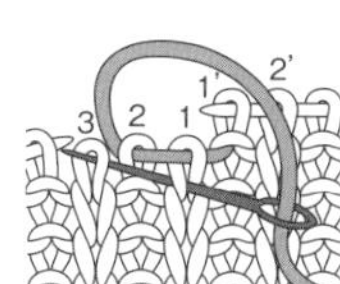

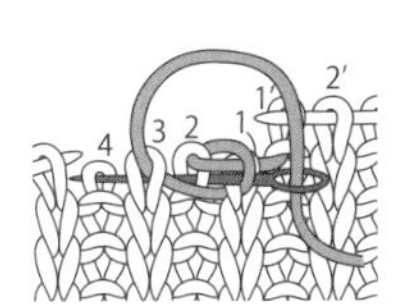

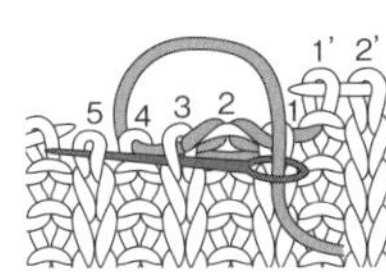

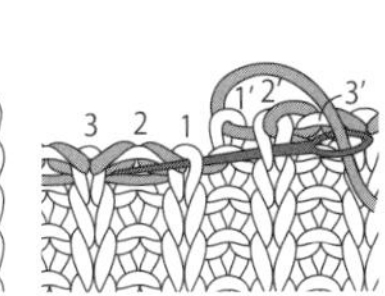

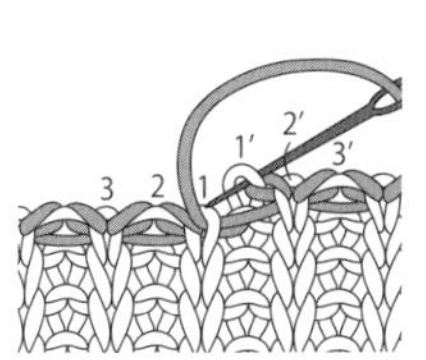

鉤針編織

鎖針

短針

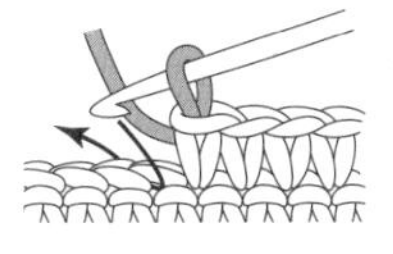

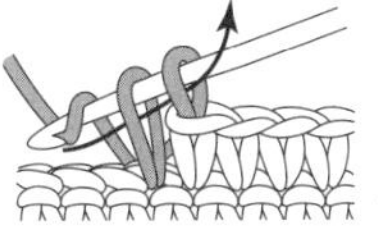

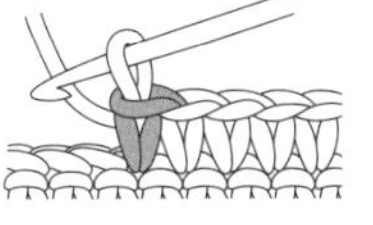

作品設計與製作
岡本真希子
笠間綾
風工房
河合真弓
Kanno Naomi
小林Yuka
齊藤理子
Sugiyama tomo

材料協助
※線
株式會社 DAIDOH FORWARD
Puppy 事業部（Puppy）
東京都千代田區外神田 3-1-16
DAIDOH LIMITED 大樓 3 樓
http://www.puppyarn.com

Hamanaka株式會社
京都府京都市右京區花園藪下町 2 番地 3
http://www.hamanaka.co.jp

橫田株式會社（DARUMA）
大阪府大阪市中央區南久寶寺2丁目5番14號

※工具
Tulip 株式會社
廣島縣廣島市西區楠木町 4-19-8
http://www.tulip-japan.co.jp

攝影協助
※娃娃
ruruko（p.6）
株式會社PetWORKs
東京都世田谷區太子堂 2 丁目 12-3 OAKABE 大樓 B 棟
http://www.petworks.co.jp

Betsy（p.17）
株式會社 AZONE INTERNATIONAL
神奈川縣藤澤市石川 4-1-7
https://www.azone-int.co.jp

※娃娃服裝（p.6、p.17）
salon de monbon
http://salondemonbon.com
instagram　http://www.instagram.com/salon_de_monbon/

※小物
UTUWA
AWABEES

staff
書本設計　橘川幹子
攝影　momiji（封面、p.1-20），田邊Eri（p.21-23）
設計　伊藤Miki（tricko）
作法與製圖　佐佐木初惠
描摹　松尾容巳子
織法插圖　小池百合穗（p.49，p.62～63）
校正　庄司靖子
編輯　中田早苗

國家圖書館出版品預行編目(CIP)資料

世界傳統圖樣編織：娃娃迷你針織服飾系列 / 株式会社日本文芸社作；黃姿頣翻譯. -- 新北市：北星圖書, 2020.09
　面；　公分
ISBN 978-957-9559-51-5(平裝)

1.洋娃娃 2.編織 3.手工藝

426.78　　109008778

世界傳統圖樣編織
娃娃迷你針織服飾

作　　者／株式会社日本文芸社
翻　　譯／黃姿頣
發 行 人／陳偉祥
發　　行／北星圖書事業股份有限公司
地　　址／234 新北市永和區中正路 458 號 B1
電　　話／886-2-29229000
傳　　真／886-2-29229041
網　　址／www.nsbooks.com.tw
E-MAIL／nsbook@nsbooks.com.tw
劃撥帳戶／北星文化事業有限公司
劃撥帳號／50042987
製版印刷／皇甫彩藝印刷股份有限公司
出 版 日／2020 年 9 月
I S B N／978-957-9559-51-5
定　　價／350 元

如有缺頁或裝訂錯誤，請寄回更換。

臉書粉絲專頁

LINE 官方帳號